U0319226

基于 3D-DIC 技术岩石渐进性破坏机理研究

汤 杨 著

北 京
冶 金 工 业 出 版 社
2021

内 容 提 要

本书以岩石力学、断裂力学、图像处理技术等理论为基础，系统探讨三轴压缩荷载作用下岩石渐进性破坏力学特性，结合数字图像处理技术，对不同状态下岩石的宏观力学特性及渐进性破坏过程进行了系统分析和研究，揭示了岩石变形过程中表面应变场和裂纹扩展演化规律，探讨了局部化变形特征及其启动应力水平。研究成果可为隧道及地下工程围岩稳定性分析提供理论指导。

本书主要作为高等学校土木工程、矿业工程、安全科学与工程等专业本科、研究生的学习教材，也可作为隧道工程、岩土工程等相关研究者和工作者的参考书。

图书在版编目(CIP)数据

基于3D-DIC技术岩石渐进性破坏机理研究/汤杨著. —北京：冶金工业出版社，2021.9

ISBN 978-7-5024-8906-9

Ⅰ.①基…　Ⅱ.①汤…　Ⅲ.①岩石破坏机理—研究　Ⅳ.①TU45

中国版本图书馆CIP数据核字（2021）第171148号

出 版 人　苏长永

地　　址　北京市东城区嵩祝院北巷39号　邮编　100009　电话　(010)64027926

网　　址　www.cnmip.com.cn　电子信箱　yjcbs@cnmip.com.cn

责任编辑　夏小雪　张　丹　美术编辑　吕欣童　版式设计　禹　蕊

责任校对　石　静　责任印制　李玉山

ISBN 978-7-5024-8906-9

冶金工业出版社出版发行；各地新华书店经销；三河市双峰印刷装订有限公司印刷

2021年9月第1版，2021年9月第1次印刷

710mm×1000mm　1/16；8.75印张；142千字；132页

52.00元

冶金工业出版社　投稿电话　(010)64027932　投稿信箱　tougao@cnmip.com.cn

冶金工业出版社营销中心　电话　(010)64044283　传真　(010)64027893

冶金工业出版社天猫旗舰店　yjgycbs.tmall.com

（本书如有印装质量问题，本社营销中心负责退换）

前　言

随着地下资源的开发、地下建筑物的建造和隧道建设变得越来越频繁，岩石力学的应用也越来越广泛，对岩石的力学性质的研究也变得越来越重要。在采矿和隧道等地下工程中，当围岩所受荷载超过其本身的承载能力时会发生破坏，进而影响工程施工及应用的安全性。岩体发生失稳破坏并不是突发性的，而是逐渐发生劣化的渐进性破坏过程，渐进性破坏过程中岩石特征应力阈值可作为评判开挖洞壁应力集中对岩体所造成的损伤程度的关键性参数，与岩石脆性指标、剥落强度及长期强度等特性息息相关，岩石渐进性变形损伤破坏特征及其力学机理对工程围岩体稳定性分析具有重要意义。因此，本书系统探讨三轴压缩荷载作用下岩石渐进性破坏力学特性，结合数字图像处理技术，对不同状态下岩石的宏观力学特性及渐进性破坏过程进行了系统分析和研究，针对岩石应力-应变响应特征、特征力学参数统计分析、应变能演化特征、表面应变场演化特征及局部化启动现象等进行了探讨，以期研究成果能够为实际工程提供一定的指导和参考。

全书共分为 8 章。第 1 章为岩石渐进性破坏研究概述，介绍岩石渐进性破坏研究的工程背景及意义，岩石特征应力阈值计算方法、变形场演化特征及数字图像相关技术应用等方面的研究现状。第 2 章为试验系统研制，介绍了三维数字图像相关技术（3D-DIC）在岩石三轴压缩试验中的集成应用，包括加载系统结构组成、3D-DIC 系统结构组成、3D-DIC 标定方法及计算结果修正等。第 3 章为研究用岩石材料的基础物理力学性质，包括岩样的采集制备、基础性质、研究方案设计及试验方法等。第 4 章为岩石全应力-应变曲线演化规律，包括渐进性破坏过程阶段划分及特征应力阈值确定方法，不同围压、含水状态及岩性之间的对比分析。第 5 章为力学特征参数统计分析，围压、含水状态及岩性对力学特征参数的影响规律，并初步探讨了应力阈值与时效特性之间的关系。第 6 章为岩石渐进性破坏过程中能量演化规律分析。第 7 章和第 8 章为岩石渐进性破坏过程中表面应变场时空演化规律及局部化变形特性分析。

本书的撰写得到了以下基金的资助：

（1）重庆市自然科学基金：基于 3D−DIC 技术岩石渐进性破坏机理研究（cstc2019jcyj−msxmX0488）。

（2）重庆市教委科学技术项目：深部岩体广义流变力学机制及其本构模型研究（KJQN201901338）。

（3）中国博士后科学基金面上项目：三轴应力循环扰动下互层岩体力学行为演化规律及其损伤破裂机理研究（2021M693751）。

由于作者水平有限，书中难免存在不足和疏漏之处，恳请各位专家和读者批评指正，以便使本书更加完善。

作 者

2021 年 5 月

目　　录

1 岩石渐进性破坏概述

1.1 引　言

岩石是地壳构成的主要物质，人类的许多工程均是在地壳及地表岩层上进行的。在土木、采矿、桥梁、隧道、水力、城市建设等工程中，均涉及对岩体的作业。岩体的变形和应力分布并不是瞬时发生和完成的，而是随时间逐步进行调整的，表现出明显的时效特征[1]。

岩石力学性质随时间的推移所产生的渐进性劣化行为会引起工程的失稳破坏，可能导致大规模工程事故的发生。其中最典型的案例为 1963 年意大利瓦伊昂水库的滑坡事故[2]，事故造成了巨大的人员伤亡和财产损失，根据事故前后的工程实测数据发现岩层应变速率随时间的推移逐渐增大的变化规律。另外，如我国的特大型金川镍矿，由于地质环境复杂，在几十年的矿山开采过程中，岩体的流变变形导致顶板冒落、巷道变形破坏等灾害事故时有发生[3]；日本的 Kagemori 石灰石采场边坡从开始观测到微裂缝再到发生坍塌共经历了一年多的时间，采场边坡表现为明显的渐进性变形破坏[4]；在房柱采矿工程中，由于房柱变形的长期累积超限，最后导致工程失稳，美国采矿局近几年来记录了 50 多次因房柱蠕变失稳造成的上覆岩层及地表二次破坏[5]。工程开挖以后，巷道围岩体并不会直接出现破坏，在短期时间尺度内岩体可能出现剥落、膨胀等渐进性破坏，此时岩体剥落强度及膨胀等可用渐进性破坏指标进行衡量[6]，而在长期时间尺度内则会发生流变现象，如蠕变、松弛等。

岩石作为一种特定复杂地质环境下形成介质，研究其三维应力状态下的力学特性对于实际工程具有重要的意义。目前对岩石力学特性研究通常关注其强度特性、变形特性及破坏特征等，试验手段多通过常规三轴压缩试验获得全应力-应变曲线。而目前已有学者开始基于全应力-应变曲线对岩石内部裂纹的起裂、扩展、贯通过程进行量化表征，研究起裂应力、扩容应力等特征应力阈值及其变形参数，并将全应力-应变过程定义为渐进性破坏过程[7,8]。常规三轴压缩试验依旧是研究岩石宏观力学特性最基础也是最重要的试验方法之一，对岩石宏观力学特性及渐进性破坏过程系统详细的研究，对于实际工程的设计和施工具有重要的意义。

1.2 研究现状

1.2.1 岩石渐进性破坏特征应力阈值

在隧道工程或采矿工程中，巷道围岩发生破坏是由于围岩受到的应力作用超过围岩本身的起裂强度，进而导致围岩失稳，最后影响工程的安全性。岩石失去承受载荷并不是突发性的，而是一个随时间增加逐渐发生变化的渐进性破坏过程。在边坡工程中，由于边坡在形成过程中受到构造应力、风化侵蚀等作用，其中多数岩土材料表现出渐进性破坏过程，即坡体材料可能处于峰值状态之前或之后[9]。引起渐进性破坏的原因有应力或应变分布不均、应变软化现象、应力释放作用、裂缝扩展以及水的软化作用等。W. F. Brace等[10]通过对不同岩石的渐进性破坏过程的研究，提出了裂纹扩展应力阈值的概念，即通过对岩石试样的全应力-应变曲线进行阶段划分，明确了各阶段划分的重要特征应力阈值，分别为裂纹起裂应力、扩容应力（裂纹损伤应力）、峰值强度。Martin 等[7]提出了基于体积应变和裂隙体积应变计算特征应力阈值的方法，目前该方法在国内外得到了广泛的应用。

岩石渐进性破坏过程中其特征应力阈值具有重要的物理和工程意义。如起裂应力和扩容应力可以分别看作岩石长期强度的下限值和上限值，而起裂应力通常用于分析隧道围岩剥落现象[11~13]，Turichshev 和 Hadjigeorgiou[14]对采用裂纹起裂应力和峰值强度来评估岩体剥落强度的差别进行了分析，Munoz等[15]发现扩容应力和峰值强度与脆性指标之间存在一定的联系，陈国庆等[16,17]也对起裂应力与脆性指标之间的相关性进行了研究，并用于岩石的脆性评价。在地下岩体开挖施工中，应力阈值可作为评判开挖洞壁应力集中对岩体所造成的损伤程度的关键性参数[18]。此外，起裂应力和扩容应力在实际工程中还可作为岩石破坏的预警指标[19]。因此，岩石渐进性破坏过程的研究是评价工程项目稳定的关键因素。

国内外学者对该内容进行了大量的研究工作。Martin 和 Chandler[7]基于全应力-应变曲线，发现起裂应力是由拉伸裂纹引起，起裂应力与试样累积的损伤无关，而扩容应力则与其相关，此外完整岩石强度包含两部分，黏聚力和内摩擦力，而岩石强度受边界条件的影响。Martin 和 Christiansson[12]采用特征应力阈值对地下核废料存储工程围岩的剥落强度进行了评估。Damjanac 等[20]对岩石长期强度的下限值进行了研究，发现该值约等于岩石单轴压缩强度的40%，与裂纹起裂应力较为接近，而在三轴压缩条件下该值随围压增加而增加。Cai 等[21]基于研究发现，对于完整岩石来说，裂纹起裂应力为单轴压缩强度的40%~50%，而扩容应力为单轴压缩强度的80%~90%。Amann 等[22]以泥页岩为研究对象，将声发射和应变测量法相结合，确定了泥页岩起裂应力约为峰值强度的30%，扩容应力约为峰值强度的70%。Palchik[23]对体积应变曲线类型与弹性模量、泊松比、孔隙率、特征应力阈值等之间的关系进行了研究，体积应变曲线可分为两种类型，第一种体积应变曲线具有明显的拐点，出现明显的扩容现象，此时扩容应力小于峰值应力；第二种体积应变曲线没有明显的拐点，此时扩容应力等于峰值应力，通过研究发现，弹性模量和孔隙率对于两类体积应变曲线确定的扩容应力具有明显的影响，而体积应变曲线的类型则与这些参数之间没有明确的关系。Basu 和 Mishra[24]提出了一种基于孔隙率估计裂纹起裂应力的方法，采用花岗岩材料进行单轴压缩试验，发现有效孔隙率与裂纹起裂应力的相关性比其与峰值强度的相关性更高。Xue 等[25]对单轴压缩条件下不同类型岩石扩容应力进行了统计分析，发现裂纹破坏应力与峰值强度的关系受岩石类型、孔隙率、粒径等因素的影响，并指出裂纹破坏应力可作为岩石的长期强度指标，在恒定应变条件即蠕变条件下，只要给予足够长的时间，岩石会发生蠕变破坏。Kim 等[26]以花岗岩为试验材料，进行了相应的单轴压缩试验，对比不同方法确定岩石裂纹起裂应力和库容应力的值，最后提出从实际现场应力角度和损伤值可靠性角度来说，采用声发射能量法进行损伤估计是较为准确的方法。Zhao 等[27]同样采用声发射方法计算了脆性岩石裂纹起裂应力。Yang[28]以含中心空洞的圆柱体砂岩试样为研究对象，分析了孔径对岩石弹性模量、泊松比、裂纹起裂应力、扩容应力和峰值强度的影响规律，并对其破坏模式进行了对比分析。Lee 等[29]结合声发射、电镜扫描、岩相显微分析等多种测试分析方法，对岩石渐进性破坏过程中特征应力阈值进行了讨论，验证了轴向刚度是确定裂纹闭合应力的最佳方法，声发射和裂隙体积应变法对于裂纹起裂应力的结果存在较好的一致性。Turichishev 等[14]首次对含矿脉分布的岩石进行了三轴压缩条件下的渐进性破坏过程分析，考虑含矿脉分布岩石的各向异性，研究矿脉对特征应力阈值的影响，并发现围压足够高时，裂纹不稳定扩展阶段可能不会出现，而峰值强度并不是岩石本身的固有属性，受边界条件的影响较大。Taheri 和 Munoz 等[30]对不同岩石进行了单轴压缩和三轴压缩试验，以期探明围压对特征应力阈值的影响，但文中的数据离散性较大，相关系数较低，因此特征应力阈值与围压之间的关系没有明确的相关性。Paraskevopoulou 等[31]根据特征应力阈值对全应力-应变曲线阶段的划分，进行了不同阶段的单级和多级应力松弛试验，探明不同应力水平条件下应力松弛现象与特征应力阈值之间的关系。Alejano 等[32]对岩石试样进行了人工节理制作，来模拟开挖巷道围岩体内的节理分布，在三轴压缩条件下对试样结果的峰值强度、残余强度和变形进行了研究，发现采用摩尔-库仑准则和霍克-布朗准则可分别拟合峰值强度和残余强度的试验结果。Pepe 等[19]指出单轴压缩应力应变响应能够很好地了解工程现场的岩体变形和强度，但关于压力诱导岩石脆性破坏的定量研究并不多，因此作者搜集了沉积岩、变质岩、火山岩试样的研究数据，采用单一和多元回归分析方法建立了特征应力的预测模型，并进行了相关验证。Xing 等[33]对霍普金森冲击荷载所用下岩石应力阈值和裂纹演化进行了研究，关于这方面的研究还非常少。

在国内，众多学者也对岩石的渐进性破坏过程进行了相应的研究。张晓平等[34]以二云英片岩为研究对象进行了不同加载方向的单轴压缩试验，计算分析了片状岩石裂纹演化过程中的应力阈值变化规律，并对应力阈值在地下工程开挖中的应用进行了讨论。周建超等[35]对预制裂隙脆性岩石进行了单轴压缩试验研究，发现预制裂纹倾角的变化是决定脆性岩石破裂方式的主要因素，研究成果对于实际地下工程中含节理裂隙岩体的开挖方式设计和支护具有指导作用。王宇等[36]对岩石起裂应力水平与脆性指标之间的关系进行了理论研究和分析，发现岩石扩容起始应力与泊松比和孔隙度等参数有密切关系，据此确定了一种预测扩容起始应力的新方法，但这种方法目前仅局限于花岗岩和闪长岩试样，模型是否具有普适性还需要进行更多种类的岩石试验来验证。王亚等[37]进行了不同围压下灰岩的三轴压缩试验，对其渐进性破坏进行了深入的研究，发现随着围压的增加，特征应力阈值呈非线性增加趋势，特征应力对应的轴向应变、环向应变也逐渐增加。梁昌玉等[38]针对中等应变率条件下花岗岩的力学特性和变形特性，研究了应变率对岩石渐进性破坏过程中应力阈值的影响规律，并对岩石破坏过程中的能量特征和机制进行了分析，发现在应变率小于 $5\times10^{-4}/s$ 时，应变率对特征应力没有明显的影响，而当应变率大于 $5\times10^{-4}/s$ 时，特征应力才表现出明显的速率效应，但相应的起裂应力水平和扩容应力水平与应变率之间没有表现出明显的变化关系；特征应力中的起裂应力和扩容应力均随着峰值强度的增加而增加，并呈线性变化关系。而王洪亮等[39]采用红砂岩进行的研究发现峰值强度随应变率变化拐点是在 $1\times10^{-5}/s$时，在试验加载速率范围内极限抗压强度先减小后增加，并通过应变刚度曲线确定了变形过程中的起裂应力和损伤应力数值，随着应变率的提高，起裂应力水平和损伤应力水平逐渐减小。周辉等[40]总结了岩石起裂应力和损伤应力的计算方法，对花岗岩和大理岩在不同围压作用下的三轴压缩渐进性破坏过程进行了分析，发现裂纹应变模型法能够方便准确地确定岩石起裂应力和损伤应力，不同岩石或者相同岩石的特征应力阈值有可能不同，这与岩石的矿物成分、赋存环境、开挖扰动等影响有关。李鹏飞等[41]也总结了国内外现有的岩石起裂应力的确定方法并对其优缺点和适用性进行了对比分析，提出了采用声发射 Hit 率来确定起裂应力的方法，并以高放废物处置库所赋存的花岗岩为例进行了方法的验证，但声发射设备较为昂贵，且试验过程中受到噪声等外部因素的影响，因此，该方法较难普及。Wen 等[42]同样对现有的特征应力阈值确定方法优缺点进行了分析，同时提出采用相关压缩应变相应方法确定裂纹起裂应力。

通过以上文献介绍可知，目前关于岩石的渐进性破坏过程的研究大多集中在单轴压缩条件下评估特征应力阈值计算方法、计算特征应力阈值水平和岩性、孔隙率等因素对渐进性破坏特征参数的影响。而关于三轴压缩条件下岩石的渐进性破坏研究成果相对来说则匮乏得多，虽然目前成果表明单轴压缩荷载的研究也可用于实际工程围岩变形破坏和稳定性分析中，但实际工程的岩体多处于三向应力状态，对三轴压缩条件下岩石的渐进性破坏研究更加重要。

1.2.2 岩石局部化变形特性

岩石变形破坏过程中通常伴随着应变局部化现象，应变局部化的定义为，在把岩石试样加载到破坏的过程中，达到一个临界变形水平之后，在将要形成最终宏观破裂面的区带上，发生强烈的变形集中，使原本均匀或近似均匀的变形场变为极不均匀的现象[43]。局部化变形现象是材料失稳和破坏的重要特征，可以看作是延性和脆性破坏的前兆，在金属材料、岩土材料、复合材料等中均有存在。在地下工程、土木工程、水利工程等领域，许多问题诸如坝体、隧道开挖、地下硐室开挖及边坡问题中，相关结构的破坏通常伴随着局部剧烈变形区的形成，而局部化带的产生则是导致结构最后破坏的主要原因，因此对于局部化变形的研究对于了解结构破坏机制及解决实际工程问题具有重要的意义。国内外学者对于岩石局部化变形的研究多集中在单轴压缩荷载条件下。郑捷等[43]采用光弹贴片试验方法对辉长岩应变局部化进行了研究，但因光弹贴片局限性较大，未能够实现对岩石试样应变局部化演化过程的实时观测。王学滨等[44,45]介绍了地质灾害中常见的应变局部化现象，即在边坡工程、地下硐室失效、地震、流固耦合等出现的应变局部化现象，并采用拉格朗日分析法模拟了岩石在常规三轴压缩荷载条件下尺寸效应、加载速率、围压对变形局部化的影响。徐松林等[46]在圆柱体试样表面不同位置布置应变计，对三轴压缩荷载条件下大理岩局部化变形进行了试验研究。周小平等[47,48]基于损伤力学理论，将损伤和变形局部化引入到单轴拉伸条件和低围压条件下岩石的本构模型中，并通过试验结果进行了模型合理性验证。赵冰等[49]对岩土介质应变局部化研究现状进行了评述，并强调了考虑应变梯度的必要性。马少鹏[50]提出了一种最大剪应变场的特征统计量 S 值，并根据 S 值的变化趋势来划分岩石试样变形破坏的过程。王建国等[51]采用 DSCM 系统，对循环荷载下岩石的全场变形进行了分析，并发现在疲劳试验中岩石也存在应变局部化现象，并最终导致岩石的破坏。刘招伟[52]通过对含孔洞岩石表面位移场、变形场在加载过程中的变化规律观测，发现应变局部化起始点位于峰值点位移的 80%处，峰值点附近局部化变形最为剧烈。张东明等[53]采用激光干涉条纹方法对岩石的局部化变形进行了研究。赵瑜等[54]采用物理模拟和数值模拟试验对隧道开挖中围岩的应变局部化进行了研究，详细探讨了高应力条件下洞室围岩渐进性破坏过程和机理。Scholz[55]采用声发射源定位技术研究了应变局部化问题，指出微破裂会在主破裂面附近聚集的现象。

由于应变局部化发生及剪切带贯通的随机性，在材料破坏之前很难预先判断出局部化发生的具体位置，且采用应变片进行测量时，由于材料破坏会导致应变片的失效，因此传统的应变片测量方法具有较大的局限性。而随着计算机技术和数字图像处理技术的发展，一种非接触式的、全局的应变测量方法，即数字图像相关方法（digital image correlation method，DIC method）逐渐开始应用于各学科领域。利用数字散斑图像处理技术进行材料应变局部化的研究，具有简单易行、观测全面、对试验过程无影响等特点，因此该方法非常适合应用于材料的应变局部化现象的研究。

1.2.3 数字图像相关在岩石力学中的应用

数字图像相关技术（DIC）是20世纪80年代后期才发展的一门新的计算机应用技术，Peters等[56~60]率先对数字散斑相关方法进行了研究，开发了相应的软件系统用于变形的测量。在发展过程中，该方法在理论和算法上不断地改进和完善，并在力学研究中得到了成功的应用，其精度也在不断提高，因其数字化、信息化的特性，使得DIC技术被广泛应用于力学、生物、医学、建筑、军事、材料、电子等众多学科和行业中。21世纪初DIC技术主要用于二维全场应变分析，之后逐步发展出三维变形分析技术，即3D-DIC技术。3D-DIC技术在岩土工程中的应用，特别是作为岩土力学变形测量的一种手段，依旧在不断完善的过程中。

岩石作为一种天然材料，不但经历了漫长的地质构造作用，而且在其形成过程中由矿物晶体集合体、非晶体颗粒的胶结材料和各种缺陷工程组成。这种天然缺陷的存在使得真实的岩体结构表现出非连续性、非均质性等特点，而在外部荷载的作用下，岩石材料内部缺陷会导致应力集中的出现，在岩石力学等试验中，试样变形的测量尤为重要，通常测量岩石试样变形的方法为接触式测量，如引伸计、应变片、位移传感器等。但这些传统测量方法的存在仅能应对单一方向应变测量和测量点等有限问题，无法对试样进行全场或局部变形进行分析。目前DIC技术在岩土工程中已得到了较多的应用。武建军等[61]采用白光散斑、激光散斑和激光显微散斑技术相结合测量了冻土位移。马少鹏等[62,63]提出白光DSCM方法用于岩石变形观测。邵龙潭等[64]在国内首次实现了采用数字图像方法测量常规三维应力条件下土的变形测量，并给出了相应的测量精度和误差分析。马少鹏等[65]基于岩石天然散斑场，采用DSCM方法分析了岩石材料的变形。邵龙潭等[66]采用数字测量系统实现了土样轴向和镜像变形的同步测量，并对试样的局部变形结果与传统方法测量结果进行了比较分析。王助贫等[67]对研发的数字图像测量系统进行了详细的误差和精度分析，并经实际试验检测发现数字图像测量系统在三轴压缩试验土的变形测量中应变精度能够达到 10^{-4}，高于常规方法的测试精度，能够满足试验过程中的测量需求。王靖涛等[68]将数码相机应用于土的三轴压缩试验变形测量中，并与常规测量方法进行了比较。陈沙等[69]将岩石表面图像通过数字图像技术的处理，并与有限元进行结合，实现了非均质岩石材料的力学分析。马少鹏等[70]采用岩石试样表面的数字图像，提出了一种新的分析岩石损伤演化的方法。李元海等[71]研发了熟悉图像分析和结果可视化系统，并成功应用于沙土地基离心试验[72]。王助贫等[73]基于数字图像测量技术对粉煤灰在三维应力条件下的剪切带进行了研究，发现粉煤灰出现的剪切带没有可遵循的规律。董建军等[74]基于数字图像测量，发现端部约束对土样变形影响很大。宋义敏等[75]采用白光散斑法，对岩石在单轴压缩条件下的破坏进行了研究，采用 CCD 和高速相机对试样破坏全程和破坏瞬态过程进行了分析，得到了岩石破坏全程和瞬态过程的变形场演化规律。邵龙潭[76]和刘潇[77]应用亚像素角点识别技术，通过一台摄像机并借助反光镜，实现了对试样全表面变形的实时测量，并对系统误差和测量精度进行了修正和分析。赵程等[78,79]采用自主研发的数字图像技术，对预制裂隙试样的裂纹扩展及其损伤演化特征进行了分析。高军程等[80]基于数字图像测量技术，分析了饱和细砂应变局部化及剪切带演化这一完整的的渐进性破坏过程。纪维伟等[81]对岩石破坏时的临界断裂特征进行了分析，采用数字图像相关法得到了岩石破坏时的全场变形。邵龙潭等[82]采用土样全表面变形场测量方法，分析了剪切带内外的变形特点，描述了破坏前阶段的应力-应变关系。刘芳和徐金明[83]基于花岗岩本身细观组分的运移，采用视频处理技术分析了细观组分的实际分布及运动方向与岩石变形破坏过程的关系。马永尚等[84]采用 3D-DIC 对三轴压缩荷载条件下脆性岩石的破坏过程进行了类似的研究。

在国际上，DIC 技术也得到了广泛的应用和技术完善。Li 和 Einstein[85]进行了花岗岩四点弯曲试验，采用声发射技术和 2D-DIC 技术对岩石破坏区域和裂纹演化规律进行了分析。Petal 等[86]将 DIC 技术应用于巴西劈裂试验中，基于试验结果提出了一种新的拉伸模量和泊松比的计算方法，并与直接拉伸试验结果进行了对比分析，发现该方法能够较为精确地确定拉伸模量和泊松比。Munoz 和 Taheri[87]基于径向应变控制方法进行了循环荷载试验，通过

DIC测量结果分析了峰后阶段岩石渐进性损伤演化和局部化演化特征，发现随着循环次数的增加，发生不可恢复变形逐渐累积和岩石材料刚度劣化现象，最终导致岩石材料整体承受荷载能力的降低。Song等[88]进行了类似的循环荷载试验，并提出了衡量局部化程度的指标和损伤程度指标。Munoz等[89,90]在单轴压缩试验中对岩石峰前和峰后阶段的变形进行了测量，说明了采用DIC技术测量变形能够有效消除传统测量方法中的弯曲误差。基于DIC测量结果发现，应变局部化现象在峰前阶段以较低的速率进行演化，随着峰后强度降低速率的增加，应变积聚现象加剧，局部化带快速产生，且由于应变局部化的演化，岩石的主破裂面在峰值强度之后很长一段时间内才会变得明显。而对于研究成果较少的直接拉伸试验，Yang等[91]采用花岗岩平板狗骨头状试样，对直接拉伸荷载下的位移场和应变场分布特征进行了分析，并采用扫描电镜观察拉伸断面的微观结构。Zhang等[92]提出压缩荷载下岩土材料的损伤和破坏行为研究是地震学和地球动力学的研究基础，应变局部化现象在小尺度的室内研究和大尺度的现场掘进断层中均明确存在。同样对于荷载速率对岩石表面变形场演化规律的影响研究也较少，Gao等[93]将DIC技术与高速相机系统结合，采用半圆盘弯曲试验，研究了花岗岩的动态荷载速率依存性，根据表面位移场确定了动态强度因子和裂纹尖端位置，发现断裂韧度、裂纹扩展速率均具有一定的荷载速率依存性。Yang等[94]将DIC技术应用于红砂岩单轴压缩循环荷载和蠕变试验中，试验结果表明，由于在低应力状态下内部原生裂隙和缺陷的存在，在高应力状态下由于损伤的产生，岩石表现出明显的非线性变形行为；在蠕变试验中蠕变应变是不可恢复变形，且伴随着剪切带内的损伤演化现象。Zou和Wong[95]基于动态巴西劈裂试验（霍普金森杆冲击试验）发现间接拉伸强度低于压缩强度的十分之一，且具有明显的荷载速率依存性，微裂纹演化区域比宏观裂纹演化出现早得多，拉伸变形峰值点应变比压缩应变低得多，因此试样破坏时水平方向变形分量比垂直方向分量大得多。

与DIC技术类似，CT技术也是一种无损检测手段，由Housfield于1979年发明，最初主要在医学领域中应用。20世纪末，CT技术被引入到岩石力学领域中，能够无损实时地观测到岩石内部裂纹的演化扩展情况，随着计算机图像分析技术的发展，逐渐应用于各类岩石力学试验中，如单轴压缩[96,97]荷载、三轴压缩荷载[98,99]、循环荷载[100,101]等。目前在岩石力学领域中应用较多的是医用CT[102,103]，医用CT的缺点在于设备较大、价格较高，为了实现岩石在压缩或拉伸荷载下裂纹扩展的实时扫描，需建立与CT设备配套的力学加载装置；此外在岩石三轴压缩荷载下，为了清晰地扫描到岩石内部裂纹，射线需穿过厚厚的金属压力室，因此需要CT增大辐射剂量，这就需要实验室尽可能谨慎地做好防辐射处理。DIC技术与CT技术的区别在于，DIC系统针对目标物体表面散斑的变形进行观测，能够获得不同尺度目标物体的表面变形特征，实验室内不需进行特殊的防护处理，结构简单，操作方便，缺点在于无法观测到岩石内部孔隙裂隙的演化图像；CT系统能够连续地观测到岩石内部裂隙的扩展演化图像，但CT技术不可避免地存在一定的伪影问题，此外在三轴压缩试验中，若压力室金属壁过厚或试样尺寸较大，则可能出现辐射剂量不足的问题[104]。因此，DIC技术和CT技术在岩石力学中的应用存在各自的优势和不足。

为直观了解DIC技术在岩土力学领域中的应用，作者将所调研文献中的试验工况进行了统计，包括采用的岩性、试样形状、试验类型、计算原理、试样表面特征等进行了统计，见表1.1。由表1.1可知，DIC技术不论在土力学还是岩石力学中已经得到了普遍的应用。但目前在岩石力学中多用于单轴压缩试验，试验中多采用表面为平面的立方体试样，试样表面特征主要是人工散斑，2D-DIC技术仍然是现在使用较多的测量方法，而3D-DIC技术的应用仍旧较少。

表1.1 DIC技术在岩土力学试验中的应用

试验材料	试验类型	试样形状	计算原理	围压/MPa	2D/3D	表面特征	文献
类岩石材料	单轴压缩	长方体	图像匹配	—	2D	人工散斑	[105]
三峡花岗岩	三轴压缩	—	数值模拟	0~40	—	天然散斑	[106]
细砂岩	单轴压缩	长方体	图像匹配	—	2D	天然散斑	[107]
硅藻土	三轴压缩	圆柱体	角点识别	—	3D	黑白方格	[108]
类岩石材料	单轴压缩	长方体	图像匹配	—	3D	人工散斑	[79]
类岩石材料	单轴压缩	长方体	图像匹配	—	3D	人工散斑	[78]
红砂岩	巴西劈裂	巴西圆盘	图像匹配	—	2D	人工散斑	[109]
泥沙岩+泥岩	单轴压缩	长方体	条纹干涉	—	2D	数字激光散斑	[53]
花岗岩	单轴压缩 直接拉伸	长方体	数值模拟	—	2D	天然散斑	[110]

续表 1.1

试验材料	试验类型	试样形状	计算原理	围压/MPa	2D/3D	表面特征	文献
黄土	三轴压缩	圆柱体	角点识别	0.1~0.3	2D	黑白方格	[111]
冻土	单轴压缩	长方体	图像匹配	—	2D	人工散斑	[61]
粉煤灰	三轴压缩	圆柱体	边缘检测	0.05~0.3	2D	标志线	[73]
饱和砂样	三轴压缩	圆柱体	边缘检测	0.05~0.4	2D	标志线	[68]
细砂岩	三轴压缩	圆柱体	角点识别	0.1~0.3	2D	黑白网格	[112]
大理岩	单轴压缩 循环荷载	长方体	图像匹配	—	—	人工散斑	[113]
红砂岩	单轴压缩	长方体	图像匹配	—	2D	人工散斑	[114]
大理岩	单轴压缩	长方体	图像匹配	—	2D	人工散斑	[75]
红砂岩	单轴压缩	长方体	图像匹配	—	2D	人工散斑	[115]
砂土+粉煤灰	三轴压缩	圆柱体	边缘检测	—	2D	标志线	[66]
粉煤灰+标准砂	三轴压缩	圆柱体	边缘检测	0.12	2D	标志线	[64]
粉煤灰	三轴压缩	圆柱体	角点识别	—	2D	黑白网格	[76]
硅微粉+标准砂	三轴压缩	圆柱体	角点识别	0.1~0.3	2D	黑白网格	[82]
粉煤灰	三轴压缩	圆柱体	边缘检测	0.1	2D	标志线	[116]
花岗岩	单轴压缩	长方体	图像匹配	—	3D	人工散斑	[84]
大理岩	单轴压缩	长方体	图像匹配	—	3D	人工散斑	[117]
大理岩	单轴压缩	长方体	图像匹配	—	2D	人工散斑	[118]
大理岩	单轴压缩	长方体	图像匹配	—	2D	人工散斑	[119]
大理岩	双轴压缩	长方体	图像匹配	—	2D	人工散斑	[70]
花岗岩+闪长岩	单轴压缩	棱柱体	图像匹配	—	2D	天然散斑	[65]
标准砂+粉煤灰	三轴压缩	圆柱体	角点识别	—	2D	黑白网格	[77]
花岗岩	单轴压缩	长方体	视频图像提取	—	--	矿物成分图像	[83]
砂土	剪切	长方体	像点坐标	0.1~0.5	2D	—	[120]
大理岩	单轴压缩	长方体	图像匹配		2D	人工散斑	[121]
砂土+粉煤灰	剪切	长方体	图像匹配	—	2D	人工标点	[122]
混凝土	单轴压缩	长方体	图像匹配	—	2D	人工纹理	[123]
大理岩+黄砂岩	三点弯曲	半圆盘	图像匹配	—	2D	人工散斑	[124]
花岗闪长岩	双轴压缩	长方体	图像匹配	3	2D	人工散斑	[125]
页岩	巴西劈裂	巴西圆盘	图像匹配	—	2D	人工散斑	[126]

续表 1.1

试验材料	试验类型	试样形状	计算原理	围压/MPa	2D/3D	表面特征	文献
粉土	三轴压缩	圆柱体	角点识别	0.31	2D	黑白网格	[74]
花岗岩	巴西劈裂	巴西圆盘	数值模拟	—	2D	天然散斑	[69]
大理岩	双轴压缩	长方体	图像匹配	20kN	2D	人工散斑	[127]
石墨	单轴压缩	圆柱体	图像匹配	—	3D	人工散斑	[128]
花岗岩	四点弯曲	长方体	图像匹配	—	2D	2D	[85]
花岗岩	巴西劈裂	巴西圆盘	图像匹配	—	3D	人工散斑	[86]
砂岩	单轴压缩 循环荷载	圆柱体	图像匹配	—	3D	人工散斑	[87]
砂岩	单轴压缩	圆柱体	图像匹配	—	3D	人工散斑	[90]
砂岩	单轴压缩 循环荷载	长方体	图像匹配	—	2D	人工散斑	[88]
花岗岩	三点弯曲	半圆盘	图像匹配	—	2D	人工散斑	[93]
砂岩	三点弯曲	长方体	图像匹配	—	2D	人工散斑	[129]
砂岩	单轴压缩 循环荷载蠕变	长方体	图像匹配	—	2D	人工散斑	[94]
砂岩	单轴压缩 循环荷载	长方体	图像匹配	—	2D	人工散斑	[130]
砂岩	循环压痕	长方体	图像匹配	—	2D	人工散斑	[131]
砂岩	单轴压缩	长方体	图像匹配	—	2D	人工散斑	[92]
砂岩	巴西劈裂	巴西圆盘	图像匹配	—	3D	人工散斑	[132]
混凝土	三点弯曲	长方体	图像匹配	—	2D	人工散斑	[133]
砂岩	三轴压缩	圆柱体	边缘检测	140	2D	CT 图像	[134]

此外，对于岩石力学而言，DIC 技术的应用基本停留在单轴压缩和劈裂荷载试验中，而对于岩石的三轴压缩试验研究，DIC 技术的应用非常少。虽然在土力学中已经实现了 DIC 技术在三轴压缩条件下的应用，但由于土力学中所施加的围压一般较小，其试验设备并不适用于岩石力学，因此，如何实现岩石在三轴压缩荷载条件下的可视化观测，研究围压作用下岩石变形破坏、加载过程中全场变形和局部变形分析，是迄今为止尚未解决的问题。

2　3D-DIC技术在岩石三轴压缩试验中的集成与实现

2.1　试验系统简介

常规三轴压缩荷载试验是研究岩石力学的重要的手段，岩石在围压作用下所表现出的力学性质更能较完整地模拟岩体在实际应力条件的力学性能，是岩石工程设计和施工的重要依据。关于岩石三轴压缩试验研究的成果已经有很多，但传统的岩石三轴压缩试验设备的压力室大部分采用金属材料制作，虽然可以实现较高围压条件下的力学实验，但无法观察到岩石试样在荷载作用下变形的全过程。因此，在作者所在课题组的协助下，研发了可视化三轴压缩伺服控制试验系统，能够实现岩石试样从加载到破坏的实时观察和数据采集[135]。可视化三轴压缩伺服控制试验系统能够实现岩石的单轴压缩、常规三轴压缩、循环加卸载试验、巴西劈裂、蠕变、松弛及广义应力松弛等岩石力学试验。基于三轴压力室的可视化功能，构建了3D-DIC系统，采用多组三维采集元进行图像同步采集，并将试验系统与3D-DIC系统进行信号采集同步，实现了围压作用下岩石破坏过程的图像采集和应变场计算[136]。图2.1为可视化三轴压缩伺服控制试验系统原理示意图及实物图。

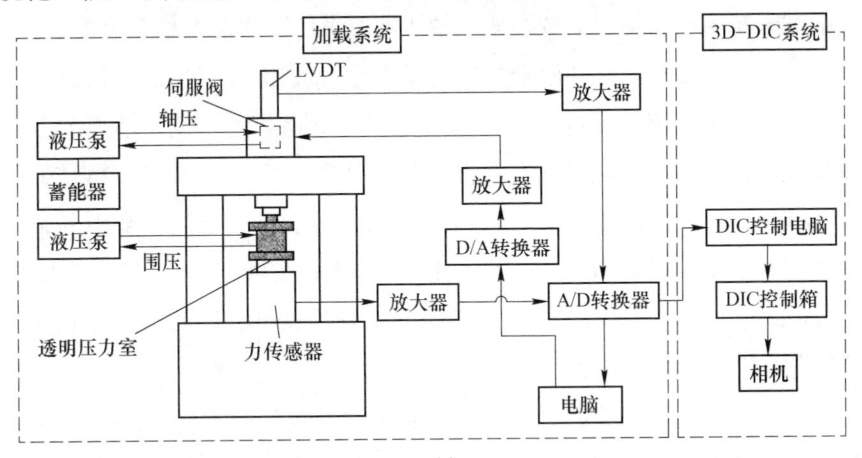

(a)

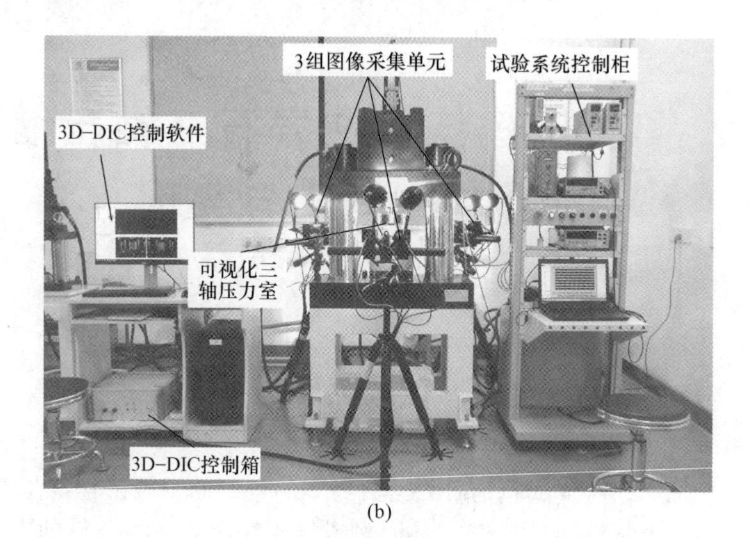

(b)

图 2.1　可视化三轴压缩伺服控制试验系统

(a) 原理示意图；(b) 实物图

2.2　基本构成

可视化三轴压缩伺服控制试验系统主要由加载系统、控制系统、采集系统、可视化三轴压力室、3D-DIC 系统组成。

2.2.1　加载系统

加载系统主要由轴向加载机架、轴压油源系统、围压加载系统组成。

机架部分主要包括底部固定支座、反力柱、液压缸、伺服阀等部件构成，液压缸位于机架上部，通过反力柱与底部固定支座相连，液压活塞与上压头为一体设计，活塞下端部设计有可拆卸的圆柱形垫块。将 MOOG 精密伺服阀安装在液压缸背后，伺服阀与进油口之间装有过滤器，对液压油中的杂质进行过滤。位移传感器 LVDT 采用固定支架固定在液压缸上部。力传感器 (loading cell) 位于底部固定支座上面，上端设计有可拆卸的圆柱形垫块，用于测量轴向荷载，图 2.2 为其结构示意图。

油源系统是轴压加载的动力来源。该试验系统采用日本 NACHI 公司生产的液压泵，其额定工作压力 15MPa，实际应用中设定输出压力为 10MPa。液

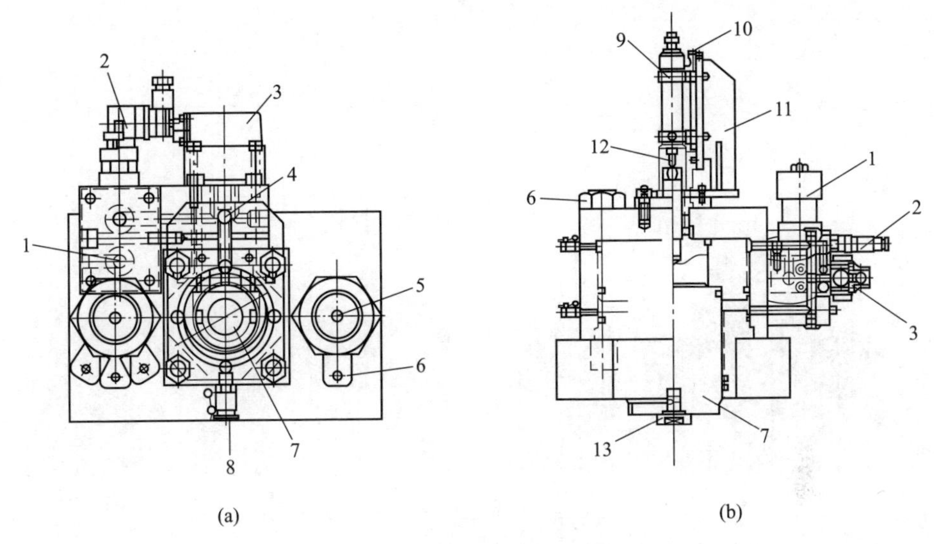

图 2.2 加载系统结构示意图

（a）俯视图；（b）侧视图

1—过滤器；2—进油管；3—伺服阀；4，6—固定螺栓；5—反力柱；7—液压缸；8—出油管；9—LVDT；10—LVDT 调节旋钮；11—LVDT 固定支架；12—LVDT 探针；13—上压头

压油输入到液压缸之前经过蓄能器稳压，蓄能器为气囊式，其内充有 8MPa 氮气。液压泵运行过程中，若输出压力能够保持稳定，则蓄能器气囊内外压力也保持稳定；若液压泵输出压力出现较大波动，则蓄能器能够及时补能，起到稳定压力的作用。采用液压泵与蓄能器组合的方式，能够有效稳定输出压力，且补能及时，稳定性好。油源系统采用计算机程序控制，液压油流动速率较慢，消耗能量少，避免了液压油的持续作业导致油温上升，因此该油源系统不需要额外的冷却系统。通过长期的持续运行，发现油温没有明显升高，温度适中保持在 40℃以下。轴压油源系统与试验机连接如图 2.3 所示。

围压采用手动泵与蓄能器组合方式加载。手动泵额定输出压力 15MPa，加载精度 0.2MPa。蓄能器内气体压力根据试验所需围压进行调节。这种组合方式的优点在于不存在电机式液压泵常见的液压脉冲，对于满足围压的稳定性非常重要，适用于长时间的流变试验。为了观察试验中围压是否稳定，试验过程中对压力表示值进行观测，没有发现压力的明显波动。

2.2.2 控制系统

控制系统主要包括计算机、函数波形电压发生器、位移变位计、信号放

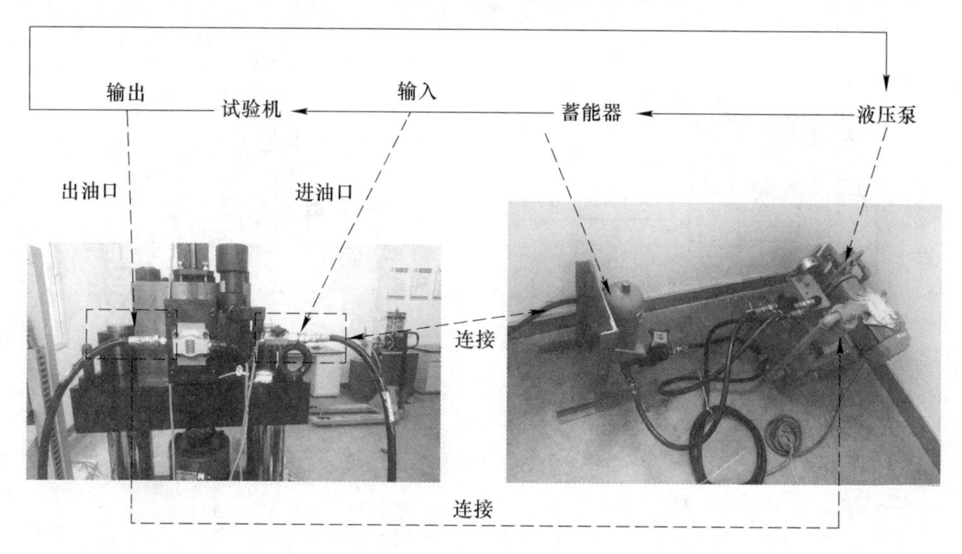

图 2.3　轴压油源系统与试验机连接方式

大器、可变电阻器等组合。采用 Keysight 函数波形电压发生器（33500B）作为指令驱动源，如图 2.4 所示。该电压发生器由程序控制，通过设定波形函数，能够制作任意函数波形的电压信号作为控制信号，能实现恒定荷载速率试验、交替荷载速率试验、三级交替荷载速率试验、各种类型循环加卸载试验、蠕变试验、松弛试验和广义应力松弛试验等。位移变位计可以对试验机

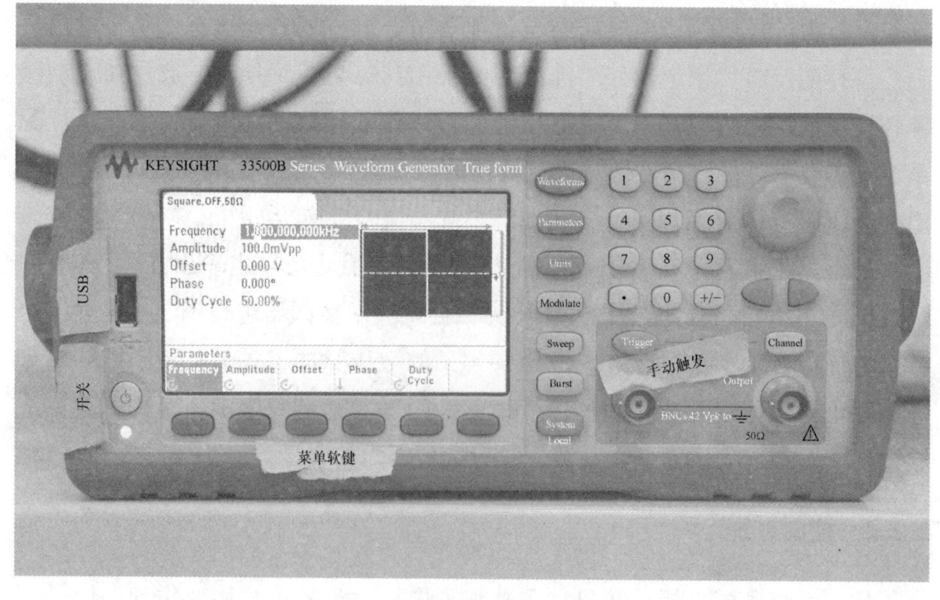

图 2.4　函数波形电压发生器

活塞的运动进行手动微调，且能够实时显示活塞的位移，对试验开始之前活塞位置的调整非常方便。信号放大器能够实时地显示施加载荷的大小，对于实验前施加预紧力非常实用。

2.2.3 采集系统

轴向变形测量使用了差动变压器式变形计测装置——LVDT（LV5-020-MSA-SLB，日本新光电机株式会社制），变位计（6114）的灵敏度为0~60Hz，LVDT的测量精度达到0.01μm。采用500kN应变式压力传感器（LUK-A-500K）测量轴向荷载，荷载放大器均采用CDV-900A型信号放大器，具有高灵敏度（高达10^4倍）、高响应（DC约500kHz）、远距离测量（长达2km）和优越的非线性(±0.01%FS或以内）的特点，实现了高信噪比的直流信号放大器作用。数据采集采用日本Graphtec公司的8通道数据记录仪（GL900-8）对数据进行采集，能够实时显示应力-应变信号曲线，且能够实时保存数据。数据记录仪控制软件中设置了过载保护功能，通过预先设定警戒值，当荷载或位移超过该值时，系统报警并自动关闭设备电源开关，提高了试验过程中的安全性。

2.3 可视化三轴压力室

图2.5为可视化三轴压力室结构和实物图。可视化三轴压力室主要由上下两块金属板、透明圆筒、6根直径12mm的螺栓、加载杆、上下垫块及密封圈组成。为了阻止液压油的渗漏，在加载杆和上金属板之间、金属板与透明圆筒之间添加了O型密封圈；在加载杆中设置了一个油口，与液压泵连接用于施加围压。加载杆穿过上金属板中心，用于施加轴向荷载；在试样两端有两个相同尺寸的垫块用于固定试样，为了防止液压油渗入到试样中并保证试验过程中对试样表面的可视化观测，采用透明热缩管包裹在试样和上下垫块表面，两者连接部位采用强力胶进行密封。该压力室的结构与传统三轴压力室结构类似。

可视化三轴压力室的关键部分为中间的透明的圆筒，该圆筒外径100mm、内径30mm、高70mm，圆筒由日本大垣铁工所加工，采用高分子材料经最新的制作工艺一次成型，透明圆筒侧面没有接缝痕迹，内部无气泡。为了保证

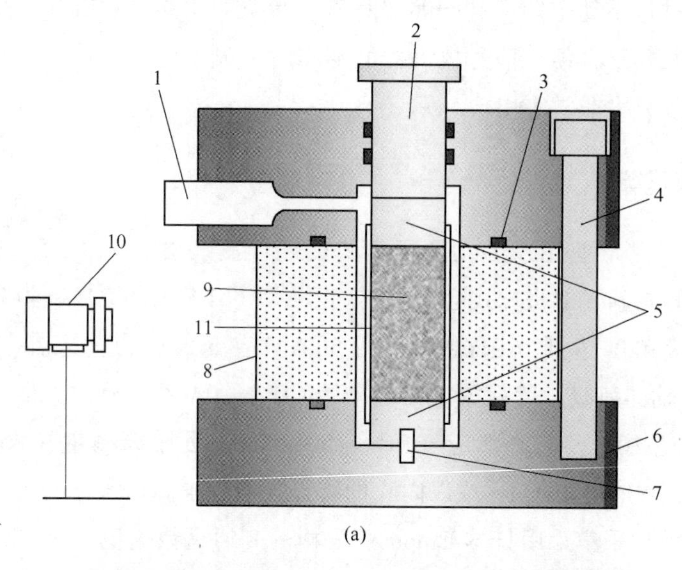

(a)

(b)

图 2.5　可视化三轴压力室

（a）结构示意图；（b）实物图

1—液压管；2—加载杆；3—密封圈；4—螺栓；5—上下垫块；6—下金属板；7—固定螺栓；8—透明圆筒；9—试样；10—照相机；11—透明热缩管

试验过程中的安全性，在应用之前，对透明圆筒的性质进行了测试和分析，并进行了一系列的断裂试验。透明圆筒制作材料对光的折射率为 1.49，因此能够有效避免折射率过高对采集图像质量的影响。根据断裂试验结果可知，最新加工的透明圆筒在围压加载到 65MPa 时尚未发生破坏或液压油渗漏现象，但上下金属板和透明圆筒之间的 O 型密封圈产生了变形，导致液压油通过密封圈泄露。而对在围压 10MPa 条件下已经使用了两年的透明圆筒进行断裂试验发现，在 59MPa 时透明圆筒发生破坏，但其破坏过程非常缓慢，裂纹从圆筒内壁逐渐向外壁扩展，液压油沿着裂纹开始进行渗透，但整个破坏过程没有产生破坏碎片的弹射，这就保证了即使压力室发生破坏，也不会对试验操作人员产生伤害。考虑试验过程的安全性和透明圆筒的使用寿命，设备使用初期将所施加的最高围压设定为 10MPa 以内。可视化三轴压力室在试验系统中是一个独立的部分，可直接从试验机加载平台上取下，取下后系统可以进行单轴压缩试验。

在岩石常规三轴压缩试验中，试样的变形通常采用引伸计或应变片等接触式测量方法，无法得到试样表面的应变场和实现破坏过程的观察。可视化三轴压力室的研发实现了岩石常规三轴压缩试验的可视化观测，通过对压力室腔体的透明化处理，肉眼可以观察到试样在荷载作用下的变形及破裂面的扩展，并为引入数字图像处理技术提供了可能，通过图像采集和分析进而获得试样表面的应变场演化特征和裂纹扩展规律。

2.4 3D-DIC 系统

2.4.1 图像采集系统

图像采集系统由 6 台工业相机及配套镜头、6 台高频 LED 白光灯、3 套三维测量支撑装置、6 根光电传输电缆和 6 个偏振镜等其他部件组成。相机型号为 Basler acA2440，分辨率为 2448×2048 像素，满像素下最高帧率为 35 帧，图像输出 10bits，镜头型号为 TAWOV GF2516M 定焦镜头，焦距 25mm，光圈 F1.6-F22。本书中针对岩石三轴压缩试验，共设置了 3 个机位，每个机位采用 2 台工业相机及配套镜头组成一套 3D 采集元，共 6 台工业相机，均匀分布在可视化压力室外侧，图 2.6 为机位布置示意图。工业相机采用三脚架支撑，2 台工业相机放置在三脚架横梁上，观测方向呈一定角度。为了避免采集的图像出现曝光过度，每台相机均配有偏振镜。每组 3D 测量元均采用传输电缆与多通道数据采集控制箱连接。

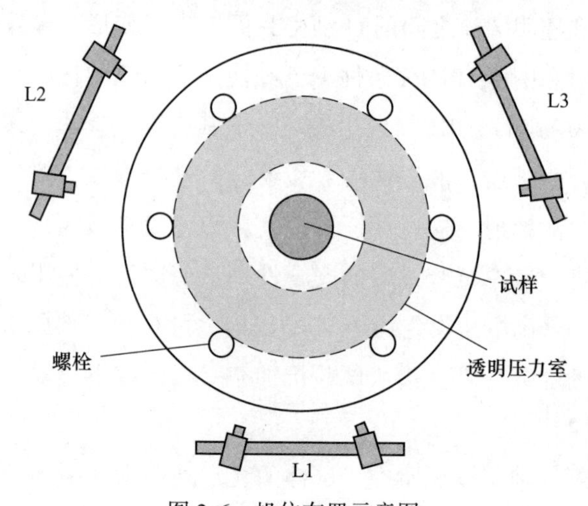

图 2.6　机位布置示意图

L1—机位 1；L2—机位 2；L3—机位 3

2.4.2　图像分析控制系统

图像分析控制系统由多通道数据采集控制箱、图像测量分析软件、工作站组成。控制箱共包含 8 个数据通道，其中 6 个为相机信号采集通道，1 个为试验加载系统轴压信号采集通道，1 个为备用信号采集通道，可实现 8 个通道的同时触发、采集、停止功能，并通过信号放大器和 A/D 转换器将加载系统的轴向力信号引入到 DIC 系统中，能够实现照片采集与加载系统力信号的同步，方便后期试验数据的处理和分析。控制箱与工作站相连接，数据的采集由图像测量分析软件进行控制。图像测量分析软件能够实现信号的采集控制、图像质量分析、系统标定、观测对象变形分析等功能。支持批量导入和处理由第三方得到的图片，计算数据能够以 excel、txt 等格式输出，且能够输出云图、动画和视频等格式的文件。提供有限元接口，能够实现测量结果与有限元分析方法的结合。图 2.7 为 3D-DIC 软件界面。

2.4.3　标定系统

标定系统主要由高精度标定板和图像测量分析软件自带的标定程序组成。相机标定分为内参标定和外参标定两步。标定板共分为 3 种规格，如图 2.8 所示，其中标定板 A 为 128mm×96mm 编码型平面标定板，用于标定相机的光

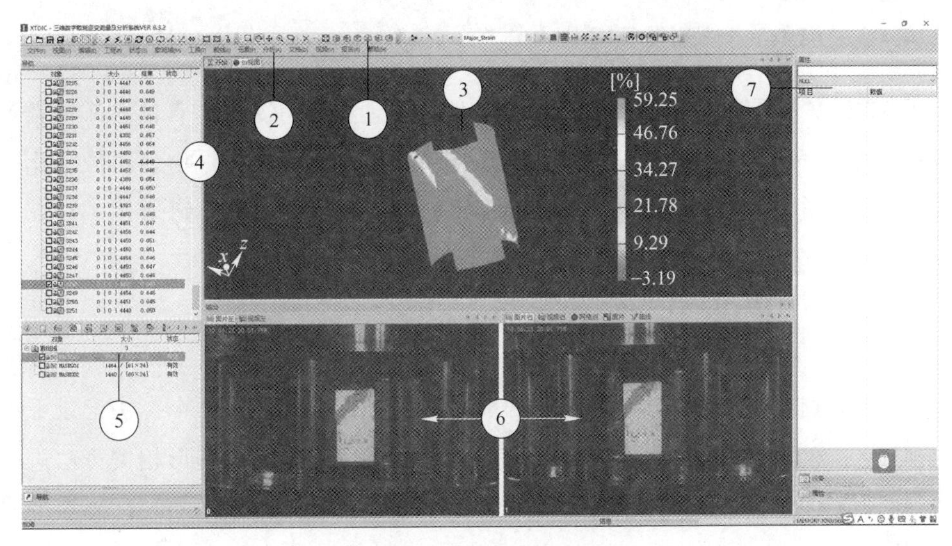

图 2.7 3D-DIC 软件界面

1—工具栏；2—菜单栏；3—OpenGL-3D 可视窗口；4—状态树；
5—分析操作窗口；6—左右相机取景窗口；7—图像属性窗口

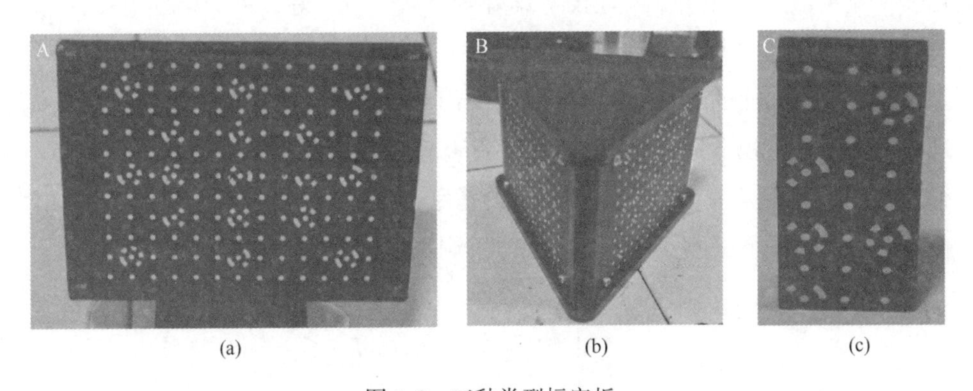

(a) (b) (c)

图 2.8 三种类型标定板

（a）平面标定板；（b）三棱柱标定板；（c）小型标定板

路和内参；标定板 B 为定制三棱柱编码型标定板，用于同时标定三组相机，以确定三组相机的空间位置，即空间坐标系；标定板 C 为特制小型标定板，尺寸为直径 25mm、高 50mm，用于放置在压力室内，标定液压油和透明圆筒所造成的测量结果的误差。

通过软件自带标定程序进行标定，能够有效消除系统误差和环境误差等因素对试验结果造成的影响。具体标定方法和结果在后文详述。

2.4.4　3D-DIC 方法测量原理

三维数字图像相关技术（3D-DIC）计算原理主要有两个：双目立体视觉技术和散斑图像匹配技术[137]。在计算处理过程中，需要先将物理图像转化为数字图像，该步骤涉及图像灰度处理，处理后的数字图像才可应用于计算机分析和计算；通过图像表面虚拟应变片的建立，实现被测物体变形的测量。

2.4.4.1　双目立体视觉原理

双目立体视觉技术与人类眼睛的成像原理类似，即利用两个镜头记录下空间同一场景的图像，然后寻找两幅图像中的对应点，利用图形相关算法进行同一物体不同视角下的感知图像，然后通过计算不同图像中同一标志点的视差获得物体表面的三维形状信息。根据变形点的立体匹配，重建出匹配点的空间坐标。通过采集被测物体变形前后散斑图像，选定识别其中的需要分析的区域，通过散斑图像分析找到数字灰度场在变形前后相关性，进而求解出变形相关性。双目立体视觉技术具有效率高、精度好、系统构建方便简单等特点。

目标物体表面的点是通过相机镜头摄影后成像到相机的像平面上。图 2.9 所示为双目立体视觉原理示意图，两台相机呈一定夹角布置在目标物体前方。假设空间中有两点 M 和 N，在相机 1 的像平面上有相同的像点 m，若只采用一台相机进行图像采集（即二维测量），则在空间中对应像点 m 的点有无数

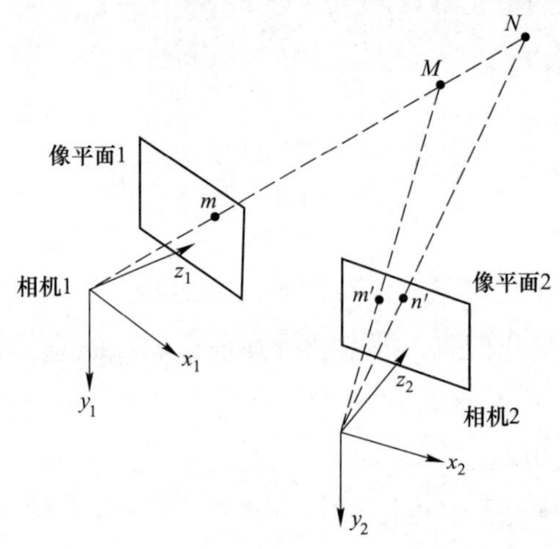

图 2.9　双目立体视觉技术原理示意图

个。若采用两台相机进行图像采集（即三维测量），M 点在相机 1 和相机 2 的像平面中对应的像点分别为 m 和 m'。若已知 m 和 m' 在相平面内的坐标和相机的参数，则可在空间中确定唯一的 M 点。同样的可根据像点 n 和 n' 在空间中确定唯一的点 N。根据上述原理，可确定目标物体表面分析区域内任意一点的空间坐标。

2.4.4.2 散斑图像匹配

基于双目立体视觉原理，要实现变形的计算，还需要实现两个相机采集到的图像信息匹配工作，如图 2.10 所示。图像匹配包含两个方面：一是相关搜索，这个过程主要是完成对同一台相机采集到的目标物体在不同变形状态下的图像匹配；二是对相机 1 和相机 2 采集到的目标物体在相同变形状态下的立体匹配。如图 2.10 所示，首先，在相机 1 的图像中选取分析区域，在分析区域中指定一个种子点，基于图像匹配相关算法[138]在相机 2 中进行种子点匹配，完成种子点匹配后即确定了相机 1 和相机 2 对相同目标点信息的联系；接着，在相机 1 中对目标区域所有状态的图像信息进行相关匹配，相机 2 中的图像参照已经匹配成功的种子点一次进行相关匹配；最终，将相机 1 和相机 2 中所有状态的图像全部成功地匹配出来。试验过程中，首先采集一系列目标物体图像，将未发生变形的第一张图像作为参考图像，后续的图像作为变形图像，结合上述计算原理和相机标定参数，通过软件计算最后确定目标物体在三维空间（x，y，z）方向的变形信息。

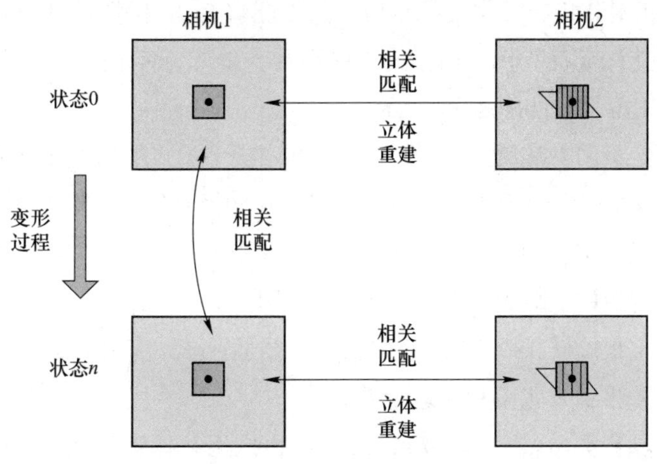

图 2.10 散斑图像匹配

2.4.4.3 目标区域虚拟应变片的建立

3D-DIC 技术在双目立体视觉的基础上，可以对测量物体表面选定的目标区域进行虚拟应变片的建立[125]，虚拟应变片的数量和长度可以人为控制，能够完全覆盖目标区域。基于变形测量需求在试样表面不同位置布置应变片，因此可以通过虚拟应变片的测量结果分析岩石的全场变形和局部变形，也可根据试验需求测量目标区域的点、线、面等元素的变形。

2.4.5 3D-DIC 标定方法及畸变修正

2.4.5.1 标定方法

对系统进行标定是消除图像畸变的主要方法，通常采用精确加工的“棋盘”标定板对相机进行内外参数的标定，DIC 系统标定方法是基于摄影测量技术实现的，对包含编码点和非编码点的目标标定板进行不同位置和角度的拍摄，得到一组照片，经过图像处理、编码点和非编码点的定位、编码点的识别，进而确定标定板上点的坐标，然后经过坐标定向、三维重建、光束平差法，并加入标尺约束和温度补偿，最后确定点的准确三维坐标。

实际试验时，首先采用图 2. 8(a)所示的标定板进行相机内参的标定，具体标定步骤如下：

(1) 打开一组相机，将标定板垂直置于加载平台上，调整标定板位置，标定板正面正对相机，并保证标定板上的点能够全部观测到并充满相机视场。

(2) 保持标定板静止，拍摄第 1 张图片，要求标定板上的编码点和非编码点能够识别出来，如图 2. 11 所示。

(3) 标定板向左旋转 45°，依旧保证标定板上的点能够全部观测到并充满相机视场，保持标定板静止，拍摄第 2 张图片并识别编码点和非编码点。

(4) 标定板重新向右旋转 45°，拍摄第 3 张图片。

(5) 标定板向上倾斜 45°，拍摄第 4 张图片。

(6) 标定板旋转 180°后重复步骤(2)~步骤(5)，依次采集 4 张图片。

(7) 共采集到 8 张图片后进行计算。

(8) 重复步骤(1)~步骤(7)，对 3 组相机逐一标定完成后，6 台相机的内参标定完毕。

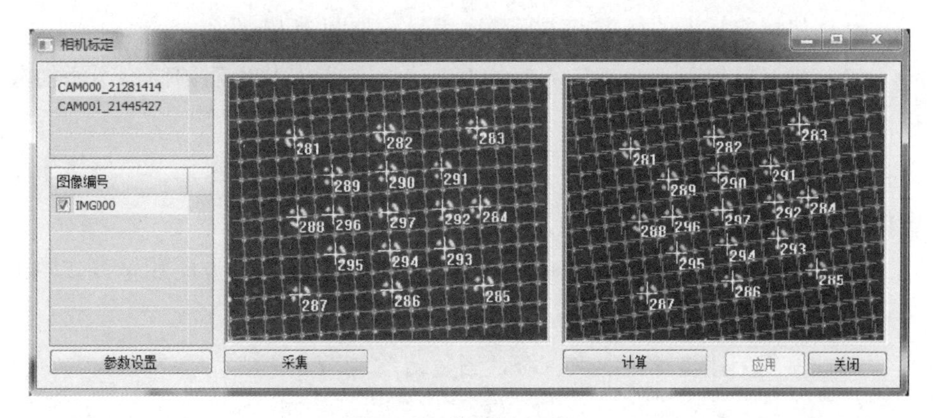

图 2.11　软件标定页面

以上步骤是标准的相机标定步骤，实际标定过程中，标定板的旋转和倾斜角度并不严格要求，只需保证每次图片采集时标定板都有所移动，即标定板上点的位置有所变化即可。

因本书采用的 3D-DIC 系统共有 3 组三维采集元，且试验过程中 3 组采集元需同步采集和控制，因此相机外参标定需要对 3 组相机创建共同的空间坐标系，以便于后期的空间三维重构。因此，作者定制了图 2.8(b) 所示的三棱体标定板，3 组相机对应 3 个面，同时进行图像采集，然后计算相机外参。

2.4.5.2　中间介质畸变系数

虽然根据相机标定方法能够消除系统误差的影响，但可视化三轴压力室的透明圆筒和液压油的存在对试样表面具有放大影响，且对轴向和径向方向的放大倍数不同。图 2.12(a) 为直接对试样表面进行拍摄，没有使用压力室；图 2.12(b) 为压力室内充有部分液压油；图 2.12(c) 为压力室内充满液压油。从图中可以看出，液压油和透明压力室的存在会造成图像的畸变，径向方向的图像畸变较大，而轴向方向的图像畸变较小。因此需要测量中间介质的存在所造成的畸变系数，根据畸变系数对测量结果进行修正。

考虑到可视化三轴压力室内部尺寸的限制，普通的标定板无法放入，因此，采用图 2.8(c) 所示的特制小标定板，替换图 2.12 中试样，将其放置在透明压力室内并充满液压油，使标定板与试样处于相同的环境条件下进行标定板上标志点点距的测量，对比图 2.12(a) 和 (c) 的测量结果，以此来衡量中间介质的放大系数，具体步骤如下：

（1）将标定板上的标志点进行顺序编号，如图 2.13 所示。

（2）将标定板至于三轴压力室加载平台上，不安装透明圆筒，不添加液压油，拍摄第 1 张图像。

（3）保持标定板位置稳定，安装透明圆筒，并充满液压油，拍摄第 2 张图像。

（4）对步骤(2)和步骤(3)的图像进行计算，测量水平方向和垂直方向不同点之间的点距。

（5）重复上述步骤共 5 次，统计测量结果。

(a)

(b)

(c)

图 2.12　图像畸变示意图

（a）无液压油和透明压力室；（b）压力室内充有部分液压油；（c）压力室内充满液压油

19　20　21
16　17　18
13　14　15
10　11　12
7　8　9
4　5　6
1　2　3

图 2.13　标志点编号

根据图 2.13 标志点编号，首先选取水平点之间的距离进行测量，分别为点 1 到点 3 之间距离、点 4 到点 6 之间距离，以此类推。保持标定板位置不变，共进行 5 次点距测量。类似的，对垂直点点距也进行 5 次测量。

水平点距和垂直点距测量结果分别见表 2.1 和表 2.2，从表中可以看出，水平点距放大系数比垂直点距放大倍数大得多，水平点距放大系数均值为 1.4330，标准差为 0.0059，变异系数为 0.0041；垂直点距放大系数均值为 1.0331，标准差为 0.0040，变异系数为 0.0038。中间介质对于水平点距影响较大，对垂直点距的影响较小，后期对于采集的位移数据可根据放大系数分别进行修正。

表 2.1 水平点距测量结果

次数	编号	水平点距/mm		放大系数
		无介质	含介质	
1	1~3	16.0049	23.1938	1.4492
	4~6	16.0158	23.2507	1.4517
	7~9	16.0150	23.2164	1.4497
	10~12	16.0162	23.1857	1.4476
	13~15	16.0128	23.2137	1.4497
	16~18	16.0042	23.2203	1.4509
	19~21	16.0080	23.2695	1.4536
2	1~3	16.0162	23.2130	1.4493
	4~6	16.0368	23.1752	1.4451
	7~9	16.0452	23.2221	1.4473
	10~12	15.9968	23.1912	1.4497
	13~15	16.0124	23.1747	1.4473
	16~18	16.0113	23.1632	1.4467
	19~21	15.9712	23.1934	1.4522

续表 2.1

次数	编号	水平点距/mm		放大系数
		无介质	含介质	
3	1~3	16.1375	23.2103	1.4383
	4~6	16.1156	23.1977	1.4395
	7~9	16.1176	23.2006	1.4395
	10~12	16.1655	23.1980	1.4350
	13~15	16.1441	23.1996	1.4370
	16~18	16.1686	23.1780	1.4335
	19~21	16.1491	23.1848	1.4357
4	1~3	16.1805	23.3919	1.4457
	4~6	16.1780	23.3174	1.4413
	7~9	16.1724	23.2750	1.4392
	10~12	16.1908	23.2330	1.4349
	13~15	16.1908	23.2330	1.4349
	16~18	16.1407	23.2191	1.4385
	19~21	16.1470	23.2281	1.4385
5	1~3	16.1686	23.3729	1.4456
	4~6	16.2074	23.3360	1.4398
	7~9	16.2010	23.3464	1.4410
	10~12	16.2308	23.3740	1.4401
	13~15	16.2312	23.3089	1.4361
	16~18	16.1466	23.2710	1.4412
	19~21	16.1214	23.2223	1.4405
均值				1.4430
标准差				0.0059
变异系数				0.0041

表 2.2 垂直点距测量结果

次数	点距	垂直点距/mm		放大系数
		无介质	含介质	
1	1~19	48.1900	49.6514	1.0303
	2~20	48.1993	49.7238	1.0316
	3~21	48.1930	49.4679	1.0265
	1~7	16.0724	16.5705	1.0310
	2~8	16.0822	16.6943	1.0381
	3~9	16.0779	16.5664	1.0304
	7~16	24.0964	24.8289	1.0304
	8~17	24.0969	24.8205	1.0300
	9~18	24.0900	24.6974	1.0252
2	1~19	48.2022	49.6733	1.0305
	2~20	48.2119	49.7427	1.0318
	3~21	48.1526	49.4083	1.0261
	1~7	16.0664	16.5957	1.0329
	2~8	16.0678	16.7227	1.0408
	3~9	16.0646	16.4922	1.0266
	7~16	24.1017	24.7929	1.0287
	8~17	24.1334	24.8029	1.0277
	9~18	24.0913	24.7163	1.0259
3	1~19	47.7644	49.3958	1.0342
	2~20	47.7227	49.4590	1.0364
	3~21	47.7597	49.3014	1.0323
	1~7	15.9415	16.4777	1.0336
	2~8	15.9225	16.5153	1.0372
	3~9	15.9328	16.4620	1.0332
	7~16	23.9029	24.7049	1.0336
	8~17	23.8561	24.7479	1.0374
	9~18	23.8657	24.6859	1.0344

续表 2.2

次数	点距	垂直点距/mm		放大系数
		无介质	含介质	
4	1~19	47.7411	49.4891	1.0366
	2~20	47.7059	49.5329	1.0383
	3~21	47.7187	49.3144	1.0334
	1~7	15.9085	16.4596	1.0346
	2~8	15.9059	16.5325	1.0394
	3~9	15.9129	16.4102	1.0313
	7~16	23.8935	24.7238	1.0347
	8~17	23.8646	24.7357	1.0365
	9~18	23.8504	24.6575	1.0338
5	1~19	47.7374	49.5436	1.0378
	2~20	47.7410	49.5604	1.0381
	3~21	47.7487	49.3227	1.0330
	1~7	15.9306	16.5068	1.0362
	2~8	15.9589	16.4895	1.0333
	3~9	15.9224	16.4172	1.0311
	7~16	23.8639	24.6717	1.0339
	8~17	23.8588	24.8216	1.0404
	9~18	23.8857	24.6589	1.0324
均值				1.0331
标准差				0.0040
变异系数				0.0038

2.4.6 3D-DIC系统试验测试及结果验证

为了验证3D-DIC测量结果的准确性，作者在设备调试期间，采用江持安山岩试样为对象，进行了恒定荷载速率加载、循环加卸载条件下压缩试验，对同一岩石试样同时采用应变片和3D-DIC进行变形测量，以验证3D-DIC测量数据的可靠性。

首先，在加工好的试样表面轴向和径向方向粘贴应变片；然后，制作表面散斑图像，并标记出应变片的位置。在图像处理中，选取应变片粘贴位置布置虚拟应变片，以此来计算在试样相同位置进行变形测量结果的一致性和相对误差，试样表面散斑图像及应变片位置如图 2.14 所示。在岩石力学中，通常规定应变压缩为正，拉伸为负；但在应变片和 3D-DIC 中正好相反，压缩为负，拉伸为正。因此，为了方便试验数据的对比，将轴向应变和径向应变均取绝对值进行分析。

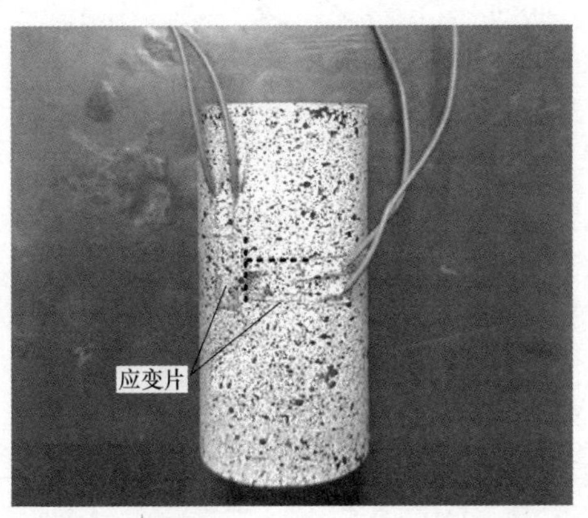

图 2.14 试样表面散斑图像及其应变片布置

图 2.15 所示为恒定荷载速率加载条件下岩石的轴向应变和径向应变随时间变化曲线。图 2.15(a)中，LVDT 表示轴向应变加载路径，恒定荷载速率加载下 $\varepsilon_1 = Ct$，C 为轴向荷载速率；SG 表示应变片测量结果；DIC 表示 3D-DIC 测量结果。从图中可以看出，DIC 测得的轴向应变与应变片测量结果吻合度很好，在加载初期均存在一定的下凹段。图 2.15(b)所示为径向应变测量结果，从图中可以看出，DIC 和 SG 测量结果吻合度很好，说明 DIC 系统能够满足岩石变形的测量需求。

岩石是一种天然材料，在形成过程中受地应力、温度、水等因素的影响，本身含有较多的原生缺陷，因此其各向异性较为明显，测得的试验数据也具有一定的离散性。对于应变测量来说，传统的测量方法如应变片，只能测量试样表面某点的变形演化情况。实际上对于岩石的变形，在不同位置布置应变片，其测量结果差异性较为明显，且应变片的长短对测量结果也有一定的影响，说明在外部荷载作用下岩石变形具有明显的不均匀性。为了说明这种情况，作者以江持安山岩试样为对象，另外进行了恒定荷载速率加载条件下的单轴压缩试验，通过在试样表面不同位置布置长短不等的轴向和径向虚拟

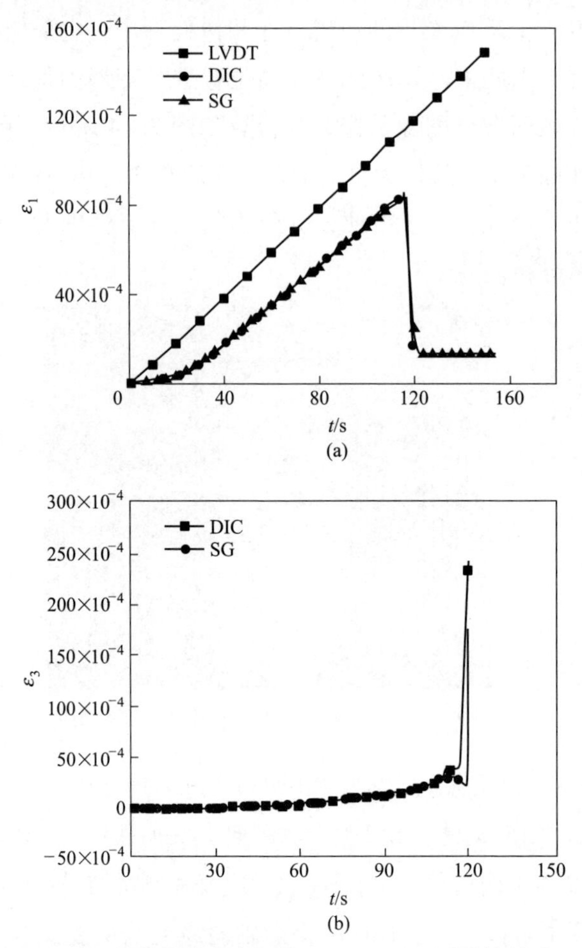

图 2.15　恒定荷载速率加载下 SG 和 DIC 测量结果对比

(a) 轴向应变；(b) 径向应变

LVDT—线性可变差动位移传感器；SG—应变片测量结果；DIC—3D-DIC 测量结果

应变片，进行岩石表面变形的不均匀性说明。

图 2.16 为虚拟应变片布置示意图。图中阴影部分为 DIC 计算区域，以计算区域底部中心点为原点建立坐标系，*Y* 轴垂直向上为正，*Z* 轴垂直 *XY* 平面向外为正，应变片布置方式分为两种。第一种方式为均匀布置，分别在计算区域轴向和径向方向不同位置布置 5 条长度相等的虚拟应变片，轴向应变片编号为 B1 ~ B5，径向应变片编号为 A1 ~ A5，如图 2.16(a)所示，测量结果分别称为轴向应变和径向应变；第二种方式为局部布置，如图 2.16(b)所示，在计算区域不同位置布置长短不等的虚拟应变片，轴向方向应变片编号为

A11～A16，径向方向应变片编号为 R11～R13，测量结果分别称为局部轴向应变和局部径向应变。因 DIC 具有可重复分析的优势，因此两种应变片布置方式均是针对同一试样的应变测量。

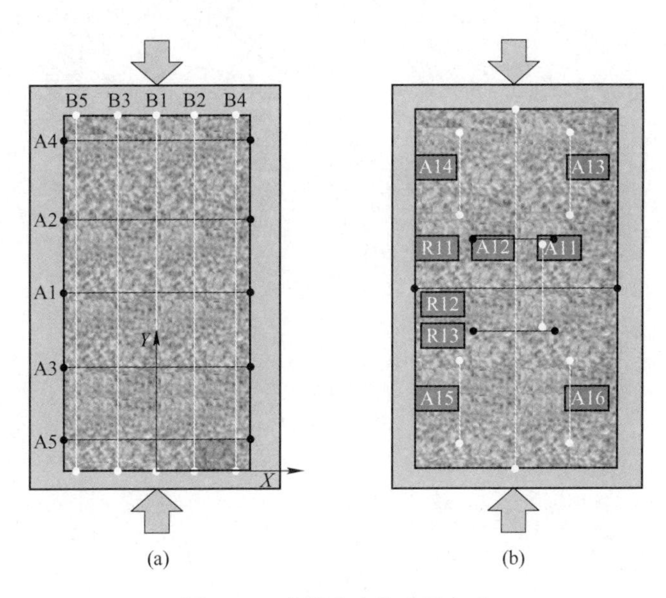

图 2.16 虚拟应变片布置方式

(a) 均匀布置；(b) 局部布置

图 2.17(a)和(b)分别为第一种应变片布置方式测量得到的轴向和径向应变随时间演化曲线，图 2.17(a)中还给出了应力随时间变化曲线，试样在加载开始 67s 后达到应力峰值强度。对于轴向应变来说，各应变片测量结果在达到应力峰值强度之前试样表面变形较为均匀，未出现较大的差异；而在试样到达应力峰值点之后，B1～B5 测量结果出现了较大差异，对于 B1 和 B2 来说，在峰值点之后轴向应变减小，说明该区域轴向应变在试样破坏后出现回弹，对于 B3～B5 来说，在外部荷载作用下，该区域轴向应变继续增加。对于径向应变来说，在加载初期试样表面较为均匀，未出现较大差异，当荷载临近峰值点时不同位置径向变形开始出现差异，其中试样中部径向变形 A1 结果最大，而临近加载平台接触端 A4、A5 结果最小，表现出一定的端部约束作用；到达峰值点以后，由于试样的破坏即裂纹的演化贯通，径向变形各不相同，这与岩石的破坏模式存在一定关系。

图 2.18(a)和(b)分别为第二种应变片布置方式测得的局部轴向和局部径向应变随时间演化曲线。对于局部轴向应变来说，在加载初期各应变片测量

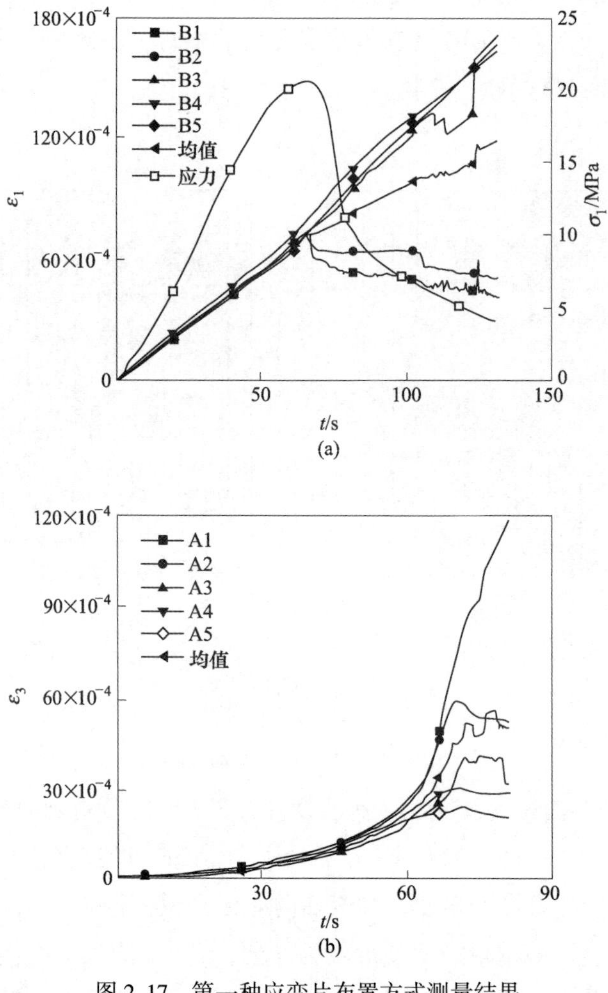

图 2. 17　第一种应变片布置方式测量结果

（a）轴向应变；（b）径向应变

结果较为一致，随着变形的增加，差异逐渐增大，在峰值点之前 A16、A11、A13 测量结果较小，而 A14、A15、A12 结果较大；在达到峰值点之后，随着宏观破坏的产生，A15、A16 结果突然增大，而其余的测量结果则逐渐减小，这是由于江持安山岩试样破坏模式为单斜面剪切破坏，试样发生剪切滑移现象，上下破坏面之间存在一定的摩擦作用，未破坏部分变形出现回弹现象，因此应变减小，应变片 A15、A16 正好贯穿破裂面两端，因此出现较大的突变。对于局部径向应变测量只布置了 3 条虚拟应变片，从图 2. 18(b) 中可以看出，在临近峰值点处 R13 变形量最小，而 R12 快速增大并超过 R11，在峰值点之后，R11 和 R13 变形量逐渐减小，说明试样破坏后径向变形也出现一定的回弹现象，而 R12 在峰值点后继续增加，然后出现突降，江持安山岩属于脆性岩石，破坏通常瞬间发生，通过试验过程观察发现该突降现象发生在试样宏观破裂面完全贯通时刻。

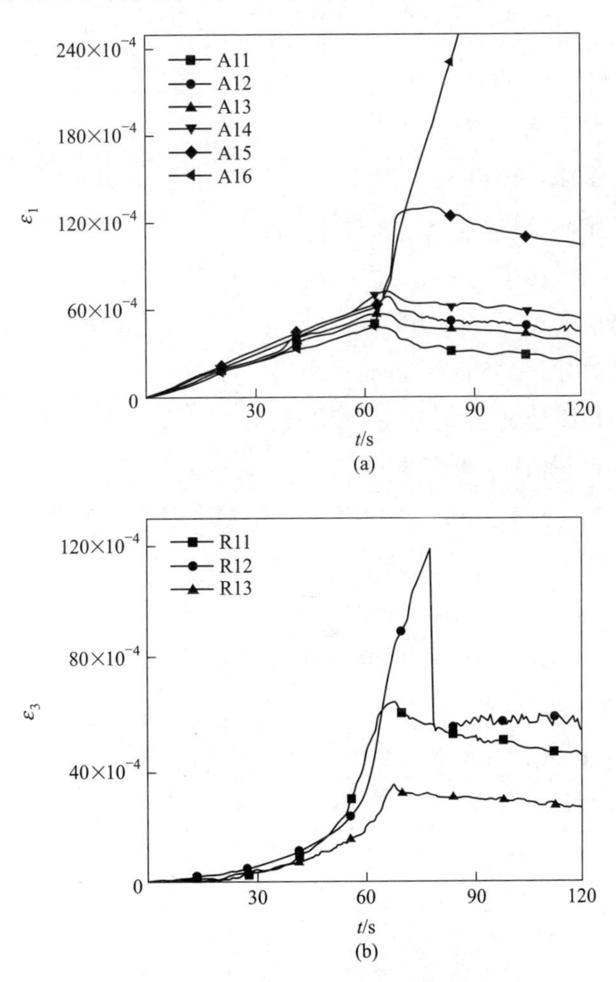

图 2.18 第二种应变片布置方式测量结果

（a）局部轴向应变；（b）局部径向应变

上述分析内容仅基于一组相机测量结果进行说明。由上可知：采用第一种应变片布置方式测得的轴向应变和径向应变在试样峰值点之前阶段一致性较好；通过第二种应变片布置方式测量结果发现，虚拟应变片越短，测量结果波动越明显，因此在试验结果分析中应尽量选择均匀布置较长的应变片。但若按照图 2.16 所示的应变片布置方式进行结果分析，数据计算工作量非常大，对于一个试样共需要进行 30 次数据计算。因此，实际应用时应根据上述分析结果将图 2.16 应变片布置方式进行简化。

2.5　主要功能及技术参数

可视化三轴压缩伺服控制试验系统主要技术参数如下：

（1）最大轴向力：500kN；

（2）最大围压：10MPa；

（3）最大轴向位移：10mm；

（4）最高应变速率：1/s；

（5）最低应变速率：1×10^{-7}/s；

（6）试样尺寸：ϕ25mm×50mm；

（7）力值控制精度：示值的±0.5%；

（8）位移控制精度：示值的±0.5%；

（9）轴向加载控制方式：力控制、位移控制、应力归还控制；

（10）数据采集频率：0.01S/s～1kS/s；

（11）加载系统刚度：5GN/m；

（12）3D-DIC 图像分辨率：2448×2048pixels；

（13）图像采集最高频率：35f/s；

（14）3D-DIC 图像计算精度：0.01pixel。

3 岩石物质组成及表面孔隙结构特征

3.1 岩样采集和制备

3.1.1 岩样采集

本书试验中，在选取岩石类型时综合考虑课题组以往的研究成果及试验目的和工程应用后，选择的岩石材料分别为田下凝灰岩（Tage tuff）、荻野凝灰岩（Ogino tuff）、江持安山岩（Emochi andesite）、井口砂岩（Jingkou sandstone）。

田下凝灰岩产于日本栃木县宇都宫市田下地区，上层分布主要是大谷凝灰岩，其特点是几乎无黑色斑点、不容易变色、耐火。内含有玻璃质碎屑形成的蓝色矿物，还可观察到被认为是由熔接作用形成的流纹构造，主要矿物成分为石英、钠长石、沸石等，属于多孔隙岩石[139]。荻野凝灰岩产于日本福岛县高乡村荻野地区，属于细粒玻璃质凝灰岩类，主要由细粒玻璃晶体组成，含有少量的石英、斜长石和黑云母，大部分玻璃质晶体由沸石和莫来石组成，其特点是吸水后变蓝色、硬度较低、吸水性较好[140]。江持安山岩产于日本福岛县须贺川市江持地区，属于辉石安山岩，具有均质、致密、质地硬等特点，斑状质地，其斑晶主要由斜长石、普通辉石、紫色斜辉石、磁铁矿和少量黑云母组成，是一种坝基和建筑物常用岩石类型[140]。井口砂岩取自重庆三峡库区三叠系上统须家河组，属陆源细粒碎屑沉积岩，主要成分为石英、长石、燧石和白云母等，砂岩质地较均匀，各向同性性状较好，孔隙率较小[141]。

由于岩石是由矿物集合而成的，其本身构造的非均匀性很高。而对于沉积岩而言，由于其内部的层理、裂隙、节理和软弱夹层等存在的影响，岩石的力学性质会出现较大的离散性，甚至会掩盖其他参数的影响作用，尽量消除这种离散性所带来的影响非常重要。因此，本书按照国际岩石力学学会建议方法加工试样，并对加工好的试样进行密度和波速测量，根据测量结果对试样进行分组安排试验。为保证岩样的完整性，所有试验所需岩样均为整块切割，并用箱体密封运至试验加工室。图 3.1 为所采取的部分完整岩块。

图 3.1 完整岩块

3.1.2 试样制备

试样制作经过钻取、切割、研磨、筛选、分组等步骤，如图 3.2 所示。按照国际岩石力学学会建议标准，保证试样的端面平整度和垂直度。

SC-50B 型取芯机（如图 3.2(a)所示）利用直径为 25mm 的钻头在切石机切下来的方形岩块上进行取芯。与自动钻取机械设备不同，该取芯机采用手控进钻，钻头进取用力均匀，取出的岩芯侧面平行度比机械进钻的岩芯高，侧面平行度约为 0.2rad。取好的岩芯需经进一步的精加工才可用于试验，首先根据试验采用的试样尺寸进行切割，然后再精磨至试验所需长度。

45-D0536/A 岩芯修剪切割机（如图 3.2(b)所示）用于将不规则岩块或芯样加工成标准试样（立方体、圆柱体等），通过夹具夹住所取岩芯，匀速转动手轮，让工作面前进，力求把岩芯切割至目标尺寸内，上下浮动 2mm，后期在磨平机上进行精磨处理。

55-C0201/C 岩芯磨平机（如图 3.2(c)所示）可用于研磨岩石和混凝土试样、天然岩块、陶瓷材料，将切割后的试样固定在岩芯磨平机工作台上，手动操作磨平机顶部的旋转手轮，每旋转 1 个刻度，研磨头下降约 0.02mm。

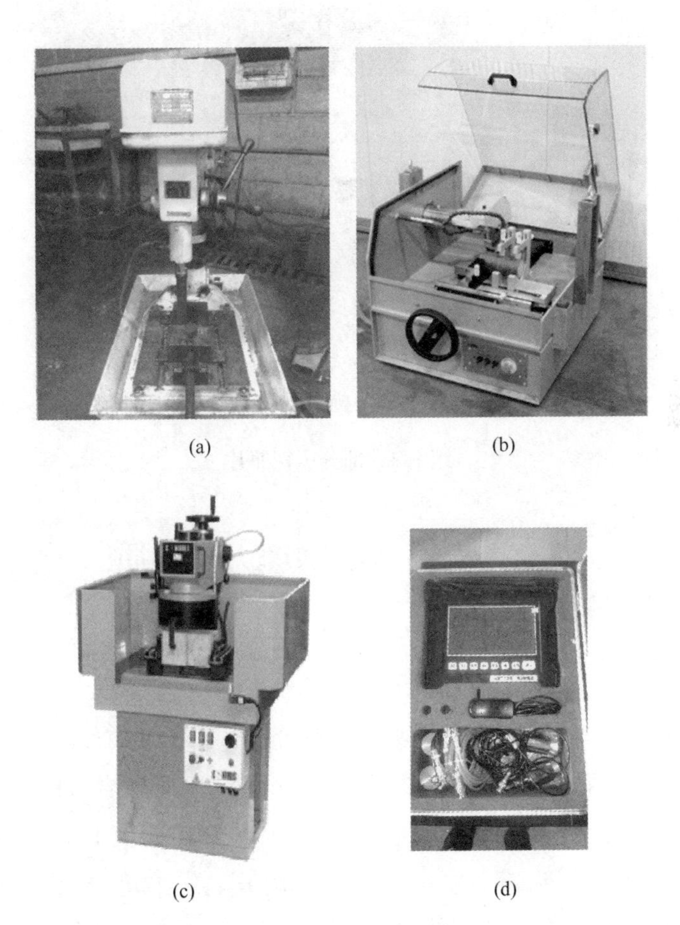

(a) (b)

(c) (d)

图 3.2 试样加工步骤

(a) 钻取；(b) 切割；(c) 研磨；(d) 波速测量

3.1.3 试样筛选及分组

加工好的试样直径精度不低于 0.1mm，两端的平整度不低于 0.02mm，端面垂直和轴线偏差低于 0.25rad。为了尽量避免试验结果存在较大的离散性，需对加工好的试样进行筛选和分组，首先剔除表面存在明显损伤的试样，然后剔除加工精度不满足相关规程的试样。对筛选后的试样采用波速仪（如图 3.2(d)所示）测量其波速，所有试样均进行尺寸和质量测量并进行编号分组。加工完成的部分试样如图 3.3 所示。

图 3.3 部分试样照片

3.2 岩石基础物理力学性质

3.2.1 元素成分

天然岩石是一种复杂的各种矿物的集合体，由于地质作用，天然岩石又是一种包含不同程度损伤的地质材料。为了解试验所用岩石的微结构特征，采用电镜扫描技术观察其微观结构特征。首先，加工面积 $1cm^2$ 左右的岩石薄片，对其打磨抛光；然后，在 105℃条件下烘干 48h 使其处于干燥状态，在真空干燥器皿中冷却后对薄片进行喷金处理；最后，用 TESCAN VEGA LMH SEM 扫描电镜和能谱分析仪（SEX-EDX）对不同岩石的物质组成进行分析，扫描电镜及能谱结果如图 3.4 所示。

田下凝灰岩物质组成较为丰富，含有丰富的 Na、Si、Al、Fe 等元素。可以看到，岩石中铝、铁等金属含量较高，主要矿物成分为石英、钠长石、沸石等，矿物质地较松软，强度较低。

荻野凝灰岩物质组成较为丰富，含有丰富的 SiO_2、MgO、Al_2O_3、Fe 等，岩石中铝、铁等金属含量较高，质地较松软，强度较低。

江持安山岩含有丰富的 SiO_2、Al_2O_3、$CaCO_3$ 等。岩石中铝、钙等元素含量较高，矿物质地较硬，强度较高。

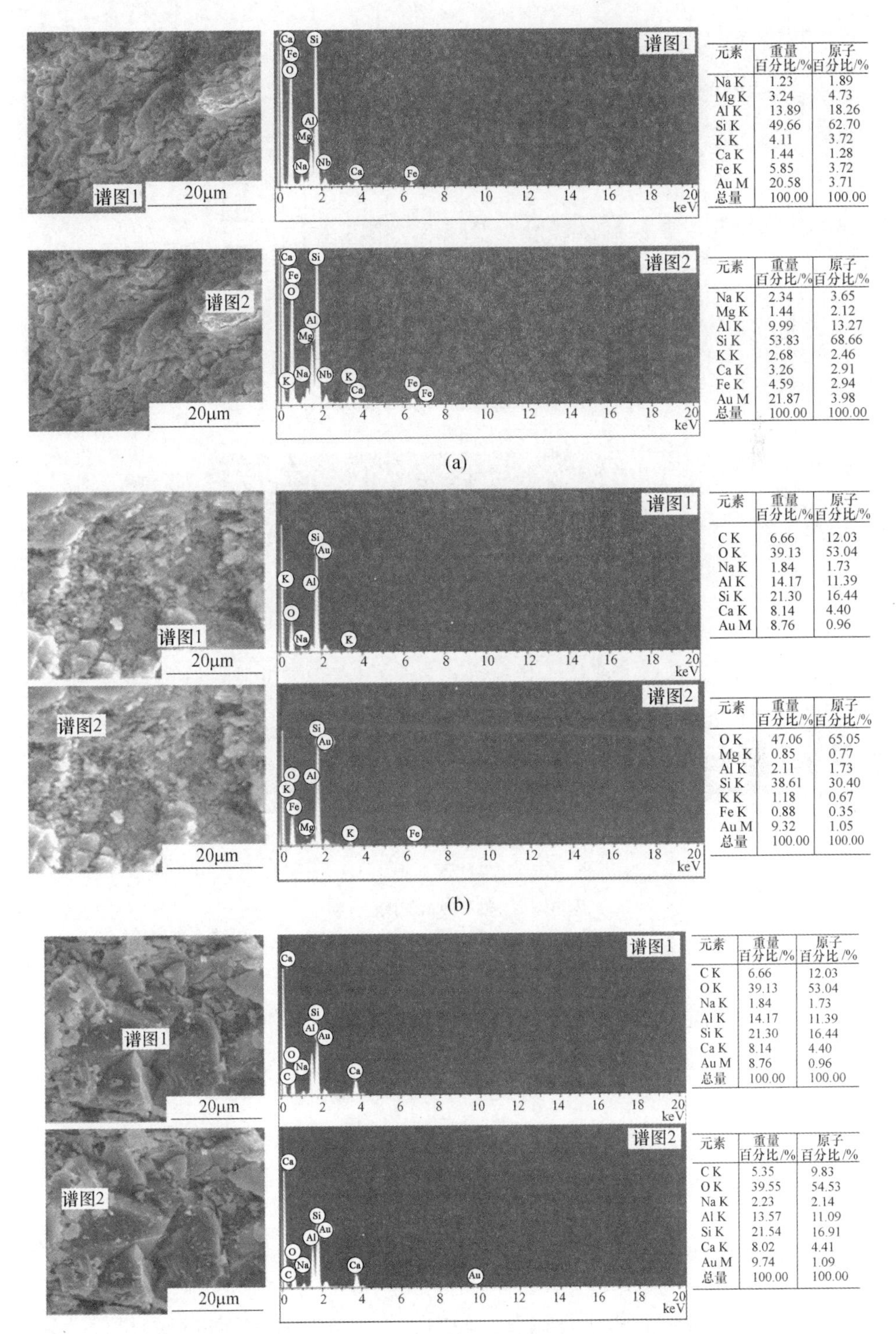

元素	重量百分比/%	原子百分比/%
Na K	1.23	1.89
Mg K	3.24	4.73
Al K	13.89	18.26
Si K	49.66	62.70
K K	4.11	3.72
Ca K	1.44	1.28
Fe K	5.85	3.72
Au M	20.58	3.71
总量	100.00	100.00

元素	重量百分比/%	原子百分比/%
Na K	2.34	3.65
Mg K	1.44	2.12
Al K	9.99	13.27
Si K	53.83	68.66
K K	2.68	2.46
Ca K	3.26	2.91
Fe K	4.59	2.94
Au M	21.87	3.98
总量	100.00	100.00

(a)

元素	重量百分比/%	原子百分比/%
C K	6.66	12.03
O K	39.13	53.04
Na K	1.84	1.73
Al K	14.17	11.39
Si K	21.30	16.44
Ca K	8.14	4.40
Au M	8.76	0.96

元素	重量百分比/%	原子百分比/%
O K	47.06	65.05
Mg K	0.85	0.77
Al K	2.11	1.73
Si K	38.61	30.40
K K	1.18	0.67
Fe K	0.88	0.35
Au M	9.32	1.05
总量	100.00	100.00

(b)

元素	重量百分比/%	原子百分比/%
C K	6.66	12.03
O K	39.13	53.04
Na K	1.84	1.73
Al K	14.17	11.39
Si K	21.30	16.44
Ca K	8.14	4.40
Au M	8.76	0.96
总量	100.00	100.00

元素	重量百分比/%	原子百分比/%
C K	5.35	9.83
O K	39.55	54.53
Na K	2.23	2.14
Al K	13.57	11.09
Si K	21.54	16.91
Ca K	8.02	4.41
Au M	9.74	1.09
总量	100.00	100.00

(c)

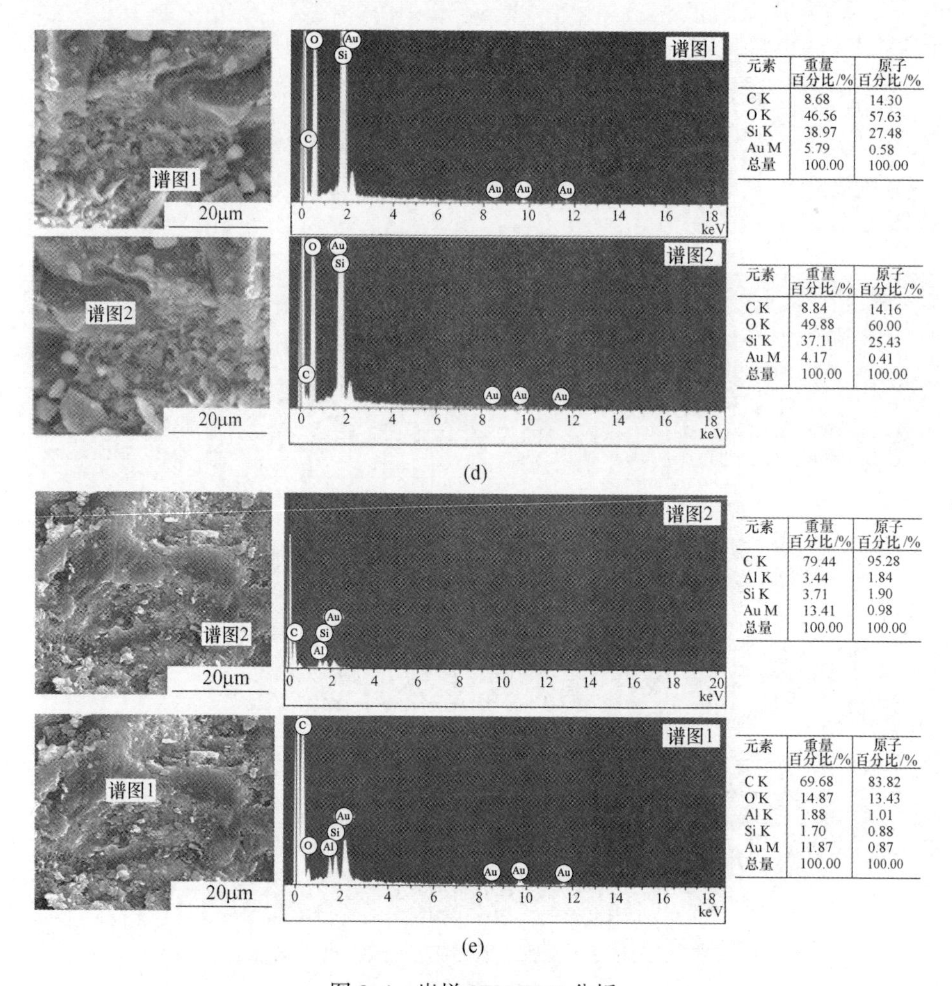

图 3.4 岩样 SEM-EDX 分析

(a) 田下凝灰岩；(b) 荻野凝灰岩；(c) 江持安山岩；(d) 井口砂岩；(e) 原煤

井口砂岩的电镜扫描及能谱结果可知选用的砂岩物质组成较为单一，主要为 $CaCO_3$ 和 SiO_2（表中的 Au 为喷金残留所致），结构致密均匀，强度较高。

原煤属于无烟煤，其物质组成较为纯净，主要以 C 元素为主，含有少量的 Al、Si 元素（表中的 Au 为喷金残留所致）。

3.2.2 表面孔隙特征

试验主要采用扫描电子显微镜（SEM）对岩石切片表面进行扫描放大处

理，观察岩石孔隙结构，测量岩石晶体粒径。经测试分析发现各类岩石微观结构如下：田下凝灰岩粒径约为0.4mm，内部含有较多的微孔隙，属于多孔隙岩石，强度较低，3000倍扫描图像能够清晰地观察到岩屑颗粒形状；获野凝灰岩粒径约为0.4mm，颗粒间胶结物含量高，属于孔隙胶结类型，岩石强度较低；江持安山岩粒径在0.1~0.5mm之间，岩屑颗粒分布明显，泥质中等程度胶结，胶结物与岩石颗粒之间胶结密切，岩石强度较高；井口砂岩粒径在0.1~0.5mm之间，岩屑颗粒大小区别明显，胶结物与岩石颗粒之间胶结密切，岩石强度较高；原煤微观结构致密，颗粒分布均匀，微观结构表面较平整。

3.2.3 基本物理力学参数

岩石基本物理力学参数见表3.1。从表中可以看出，江持安山岩和井口砂岩峰值强度较高，而两类凝灰岩较低；两类凝灰岩饱水率较高，表明其内部含有较多的原生孔隙；井口砂岩弹性模量最大，说明其抵抗变形的能力最强。

表3.1 四类岩石基本力学参数

岩 性	密度 /g·cm^{-3}	抗压强度 /MPa	弹性模量 /GPa	泊松比	饱水率/%	波速 /m·s^{-1}
田下凝灰岩	1.74	22.26	3.83	0.32	15.04	2359.15
获野凝灰岩	1.81	27.35	4.02	0.31	10.53	2270.61
江持安山岩	2.11	77.50	10.05	0.25	6.98	2414.54
井口砂岩	2.29	67.49	11.89	0.24	4.81	3171.57
原煤	1.59	35.45	5.24	0.27	—	—

3.3 方案设计及试验方法

3.3.1 试验方案概述

为系统研究岩石宏观力学特性和渐进性破坏过程及不同因素的影响作用，

作者进行了不同含水状态、不同岩性、不同围压 3 种条件下的试验，并采用 3D-DIC 技术对加载全过程中试样的全场变形进行了分析。

以江持安山岩为试验对象研究围压对岩石宏观力学特性及渐进性破坏过程的影响，围压选取 0MPa、3MPa、6MPa、9MPa 四级，采用应变控制方式加载，荷载速率为 1×10^{-4}/s，图像采集帧率 1f/s，试样为自然风干状态，试样在室内自然风干两周后作为自然状态岩样。

以荻野凝灰岩为试验对象研究含水状态对岩石宏观力学特性及渐进性破坏过程的影响，围压取 9MPa，采用应变控制方式加载，荷载速率为 1×10^{-4}/s，图像采集帧率 1f/s，考虑干燥、自然风干、饱水 3 种状态。将加工好的试样放入烘干箱内，在 105℃恒温条件下烘干 48h，然后放到干燥容器中冷却到室温，作为干燥状态岩样；将加工好的试样在室内自然风干两周后作为自然风干状态岩样；将加工好的试样先在 105℃恒温条件下烘干，然后采用抽真空方式进行饱水，以此制作饱水状态岩样。干燥、自然风干和饱水状态岩样的相对含水率分别为 0%、23%、100%。

以江持安山岩、原煤、荻野凝灰岩、田下凝灰岩、井口砂岩 5 种岩石为试验对象研究不同岩性的岩石宏观力学特性及渐进性破坏过程，围压取 9MPa，采用应变控制方式加载，荷载速率为 1×10^{-4}/s，试样自然风干状态，图像采集帧率 1f/s。

3.3.2 试验步骤

（1）用黑白哑光喷漆在试样表面制作散斑图像，晾干待用。

（2）将制作好散斑图像的试样置于三轴压力室上下垫块之间，套上透明热缩管，并用热风枪均匀吹紧，使透明热缩管与岩石试样表面紧密接触，能够清晰观察到试样表面的散斑图像，然后用强力胶密封热缩管与垫块间缝隙，防止围压加载时液压油渗入到试样内，将试样放入压力室内，安装完毕后待试验。

（3）打开加载系统和 3D-DIC 系统电源，检查试验加载系统和 3D-DIC 控制系统各部件运行情况，并按照试验方案设置相应参数，打开 3D-DIC 控制软件和数据采集软件，采用手动方式控制轴向活塞压头接触三轴压力室上端。

（4）按照预定方案施加围压至预定值。

（5）启动加载系统施加轴向荷载至试样破坏，同时打开 3D-DIC 系统进行图像采集，直至试样破坏，记录所要测量的试验参数。

（6）更换试样，重复上述操作，进行下组试验，每种试验条件下试验重复三次。

3.3.3 图像分析方法

本书的研究对象为直径25mm、高50mm的圆柱体岩石试样。因岩石属于非均质材料，在轴压加载作用下，试样并不是发生均匀变形。因此，作者基于3D-DIC技术在岩土工程应用中已有的研究成果，考虑采用如下方式进行试样的变形测量。

在观测范围内选择目标区域，因液压油和透明圆筒对光的影响，观测范围边缘部分的清晰度较差，因此选择目标分析区域为尽量去掉观测范围边缘的部分，选取清晰的部分作为目标分析区域进行计算分析，如图3.5(a)所示。由于压力室螺栓有部分遮挡而存在部分观测盲区，三轴压缩试验的目标分析区域比单轴压缩条件下的小。在目标分析区域内布置虚拟应变片，考虑实际计算工作量，在目标分析区域轴向方向中心布置一条，在径向方向均匀布置三条，如图3.5(b)所示。对L1、L2、L3号机位目标分析区域采用相同的虚拟应变片布置方式，以此测量试样的轴向和径向应变，并选取测量结果最大值绘制应力-应变曲线。

(a)

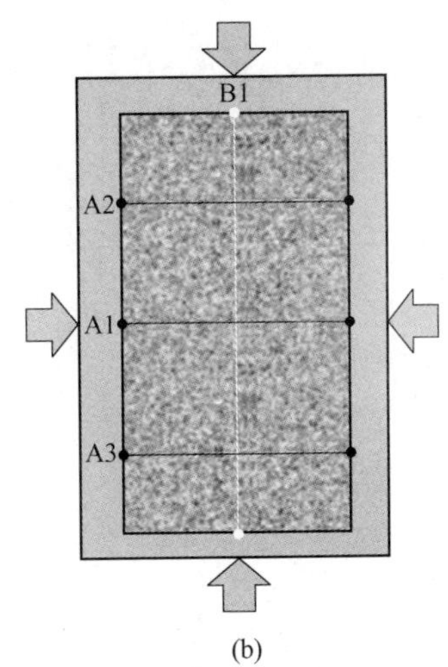

(b)

图3.5 试样表面分析区域及虚拟应变片布置方式示意图

(a) 目标分析区域；(b) 虚拟应变片

3D-DIC 软件基于图像算法能够追踪不同状态下目标物体表面的坐标和变形。施加荷载之前拍摄第一张图像作为参考图像，后续图像作为变形图像。在建立图 3.5 所示的目标分析区域后，根据试样的破坏模式布置计算种子点，以保证破坏区域计算的连续性[132]。所有图像计算完毕后即可获得试样表面应变场。基于前文三棱柱标定板确定的空间坐标系，将 L1、L2、L3 机位获取的应变场进行组合后，即可获得试样表面的全场变形。

4 岩石的全应力-应变曲线演化规律

基于试验结果，能够确定岩石变形不同阶段，并确定各阶段的力学特征参数阈值。此外，基于全应力-应变曲线还可以计算得到加载过程中的能量演化曲线，对于能量演化特征的研究提供帮助。可以说，全应力-应变曲线包含了试样加载破坏过程中大部分的变形信息，是从宏观角度研究岩石宏观力学特性及渐进性破坏过程的基础。

4.1 全应力-应变曲线特性分析及应力阈值确定方法

岩石在外部荷载作用下，其内部非连续性孔隙裂隙经历闭合、张开、演化、贯通等过程，导致岩石承载能力逐渐丧失，该过程是连续性、渐进性，而不是间断性或突发性的，因此，这种现象称为岩石的渐进性破坏过程。岩石的渐进性破坏过程研究实际上就是其内的微裂纹演化贯通的过程研究。岩体结构的破坏通常会引起巷道顶板脱落、断口形成及隧道等地下工程的失稳破坏，其本质为岩石中天然裂隙的扩展和贯通[142]。Martin 等[143]基于岩石脆性破坏的研究，将岩石的全应力-应变曲线划分为 5 个阶段，裂隙压密阶段Ⅰ、弹性变形阶段Ⅱ、裂纹稳定扩展阶段Ⅲ、裂纹加速扩展阶段Ⅳ和破坏阶段Ⅴ，这种对岩石全应力-应变曲线的阶段划分已被广泛接受[19]。

裂隙压密阶段由岩石中原生裂纹或空隙的密度和几何特征所决定，在荷载作用下，原生裂纹开始闭合，岩石被压密，表现在全应力-应变曲线上为初始下凹的阶段，随后随着荷载的继续增加，岩石进入弹性变形阶段。

弹性变形阶段处于裂隙压密和重新起裂的中间部分，该阶段可近似将岩石看作弹性体，应力和应变为线性关系，弹性模量为常数。

当裂隙重新开始起裂时，岩石进入裂纹稳定扩展阶段，此时裂纹体积应变的绝对值开始逐渐增加。岩石由弹性阶段到裂纹稳定扩展的应力临界阈值

为起裂应力 σ_{ci}。

当裂纹扩展到一定程度后出现连接、贯通的现象，此时进入裂纹加速扩展阶段，岩石在外部荷载的作用下裂纹扩展的速度开始增加并逐渐贯通，最终导致岩石的破坏。由裂纹稳定扩展阶段到加速扩展阶段的应力临界阈值称为裂纹损伤应力 σ_{cd}，该阶段通常伴随着岩石扩容现象的发生，因此裂纹损伤应力又称为扩容应力。

当外部荷载达到岩石的承载能力后，岩石发生破坏，随后承载能力逐渐降低，进入破坏后的阶段，应力-应变曲线表现为应变软化现象。岩石最大承载能力对应的应力为峰值强度 σ_c。

上述各阶段的划分主要取决于几个重要的特征应力阈值：起裂应力 σ_{ci}、扩容应力 σ_{cd} 和峰值强度 σ_c。起裂应力为峰值强度的30%~50%[144]，预示着裂纹的产生[142]；扩容应力为峰值强度的70%~80%，预示着裂纹加速扩展阶段的开始[142]；峰值强度表征岩石最大承压能力。图4.1为典型的全应力-应变试验曲线及其应力阈值确定方法。从图中可以看出，三轴压缩试验中，由于围压对试样的初期压密作用，裂隙闭合过程变得不明显，甚至消失。由于应力-应变曲线初始上凹阶段不仅仅是由裂隙闭合造成的，还与试样的加工精度、端部效应和加载平台之间的紧密连接程度等有关，因此目前大部分的研究均集中在其他变形阶段的研究。

σ_{ci} 通过应力-应变曲线确定非常困难，尤其在岩样本身的裂隙较多的时候。通常通过裂隙体积应变的计算来确定 σ_{ci}。总体积应变 ε_v 可分为裂隙体积应变 ε_{vc} 和弹性体积应变 ε_{ve}。首先通过弹性阶段确定弹性模量 E 和泊松比 ν，通过压缩试验确定偏应力 $(\sigma_1-\sigma_3)$，然后通过下式计算弹性体积应变 ε_{ve}[145]：

$$\varepsilon_{ve}=\frac{1-2\nu}{E}(\sigma_1-\sigma_3) \tag{4.1}$$

体积应变 ε_v 可由轴向应变 ε_1 和径向应变 ε_3 确定：

$$\varepsilon_v=\varepsilon_1+2\varepsilon_3 \tag{4.2}$$

则裂隙体积应变 ε_{vc} 可由下式得到：

$$\varepsilon_{vc}=\varepsilon_v-\varepsilon_{ve}=\varepsilon_1+2\varepsilon_3-\frac{1-2\nu}{E}(\sigma_1-\sigma_3) \tag{4.3}$$

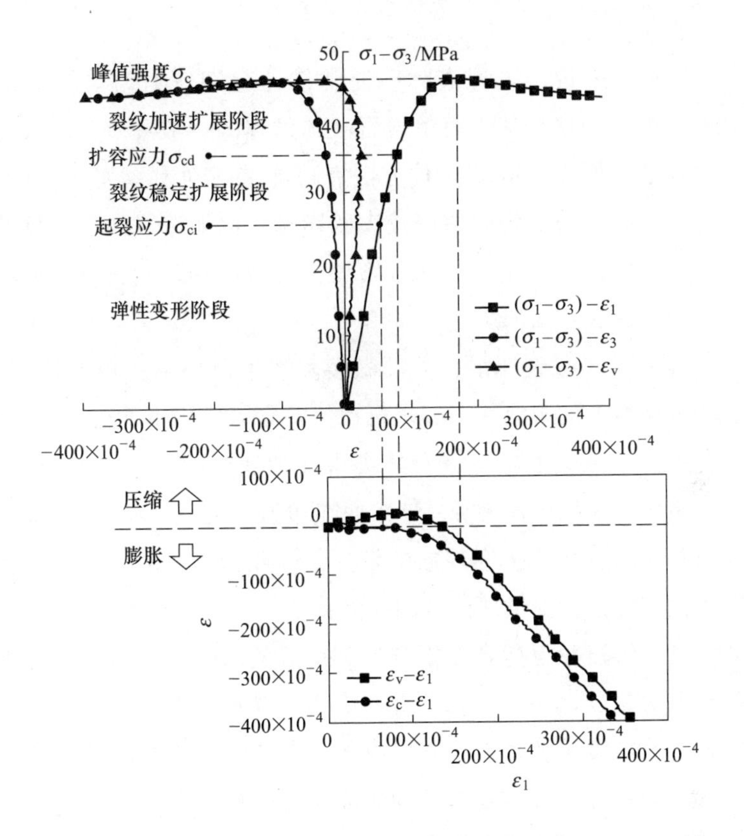

图 4.1　岩石全应力-应变曲线阶段划分

岩石力学中，轴向应变压缩为正，拉伸为负；径向应变扩张为负，收缩为正；总体积应变缩小为正，膨胀为负。当岩石进入裂纹稳定扩展阶段，总体积应变包括裂纹扩展引起的体积增量，因此此时总体积应变增量小于弹性体积应变增量，则裂隙体积应变曲线会向负方向演化。因此，在弹性变形阶段和裂纹稳定扩展阶段存在一个拐点，该拐点对应的应力即为起裂应力 σ_{ci}；扩容应力 σ_{cd}对应岩石的扩容现象，通过总体积应变曲线可以确定 σ_{cd}，做总体积应变-轴向应变曲线，总体积应变最大值对应的应力即是扩容应力 σ_{cd}；峰值强度 σ_c对应岩石最大承载力，通过全应力-应变曲线峰值点对应的应力值即可确定峰值强度。

进行室内岩石力学试验的目的是为了了解实际工程中岩体的力学性质，通过观察完整尺度岩石力学行为进而对大尺度岩体力学行为进行分析是可行的，因为完整岩石特征塑造了岩体特征，能够实现由实验室尺寸向现场尺度力学行为的转化[14]。

对于起裂应力来说，工程实际中通常估计起裂应力为单轴压缩强度的40%(±10%)[14]，但这是基于完整岩石破坏过程的一般理解，并没有考虑围压存在的边界条件影响，因此这种方法有可能造成对剥落岩体强度的低估，而这种低估有可能对采矿作业造成较大的影响，比如造成地下开挖巷道的过度支护、采场尺寸评估不足等，导致增加施工费用和时间，对工程项目的经济收入和生产力造成负面的影响[14]。

岩石扩容是指岩石破坏前，内部微裂隙产生及内部小单元体相对滑动，导致体积非线性增大的现象，一般岩石在偏差应力作用下均会产生扩容现象。国内外学者的研究成果表明，在自然灾害（如我国的唐山大地震）发生前，均观测到了明显的地壳扩容现象[146]，而在边坡、隧道、矿井等工程现场中，失稳破坏通常伴随着岩体扩容现象的发生，因此，研究岩石的扩容特性可以为实际工程稳定性分析提供理论基础和借鉴。

通常定义峰值强度是指岩石抵抗外部荷载的能力，是工程设计中最重要的岩体基本力学参数之一，目前已普遍应用于隧道开挖设计、爆破碎岩等工程中。但岩石的峰值强度并不是其本身的固有属性，受岩石所处的边界条件影响较大，了解岩石峰值强度在不同边界条件下的变化规律，对于复杂赋存环境下的岩体工程施工具有重要的指导意义。

4.2　围压对岩石全应力-应变曲线的影响

图 4.2 给出了四级围压条件下江持安山岩典型试验结果曲线，包括应力-轴向应变（$(\sigma_1-\sigma_3)-\varepsilon_1$）、应力-径向应变（$(\sigma_1-\sigma_3)-\varepsilon_3$）、应力-体积应变曲线（$(\sigma_1-\sigma_3)-\varepsilon_v$）、体积应变-轴向应变曲线 $\varepsilon_v-\varepsilon_1$、裂隙体积应变-轴向应变曲线 $\varepsilon_{vc}-\varepsilon_1$。为了方便后文的能量演化分析，图中一并绘制了加载过程能量演化曲线，包括总应变能（U）、弹性应变能（U^e）、耗散应变能（U^d）随轴向应变演化曲线。为了更直观地进行不同围压条件下试验结果的对比以及定量化分析，后文对试验结果一一进行了统计和对比分析。图 4.2(a)和(b)中的标注 A、B、C、D 点分别对应起裂应力、扩容应力、峰值强度及破坏后某点应力。在后文的变形场演化特征分析中，选取了与这 4 点对应的应变场云图进行了分析。

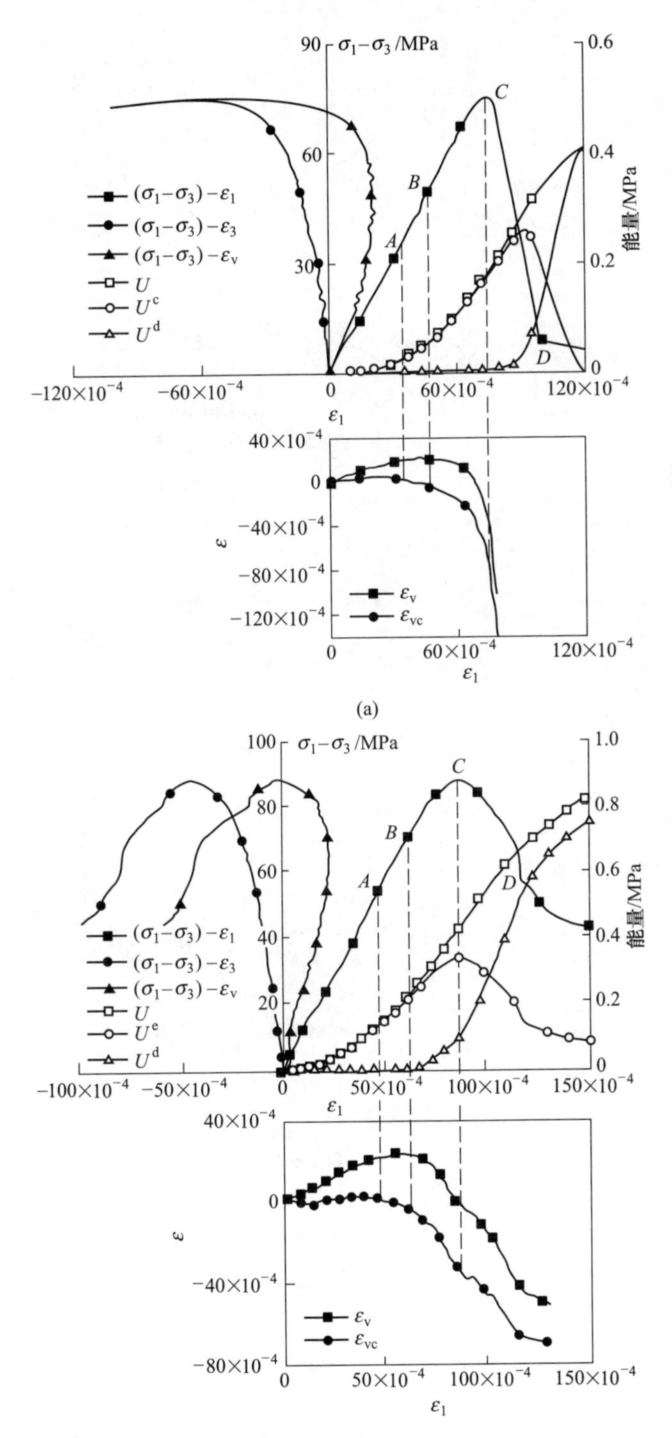

$\sigma_1-\sigma_3$ /MPa
能量/MPa
$(\sigma_1-\sigma_3)-\varepsilon_1$
$(\sigma_1-\sigma_3)-\varepsilon_3$
$(\sigma_1-\sigma_3)-\varepsilon_v$
U
U^c
U^d
A
B
C
D
ε_1
ε
ε_v
ε_{vc}

(a)

$\sigma_1-\sigma_3$ /MPa
能量/MPa
$(\sigma_1-\sigma_3)-\varepsilon_1$
$(\sigma_1-\sigma_3)-\varepsilon_3$
$(\sigma_1-\sigma_3)-\varepsilon_v$
U
U^e
U^d
A
B
C
D
ε_1
ε
ε_v
ε_{vc}

(b)

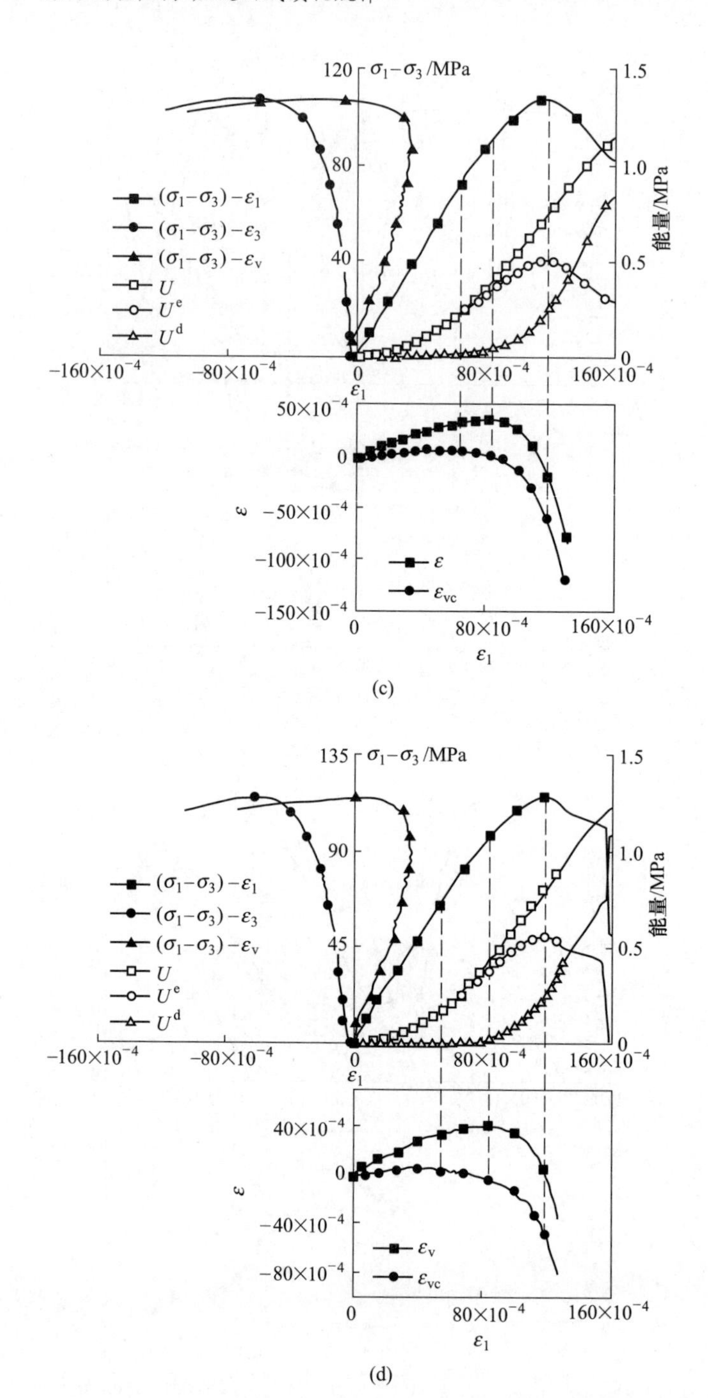

图 4.2　四级围压下江持安山岩全应力-应变曲线及能量演化曲线

(a) 0MPa；(b) 3MPa；(c) 6MPa；(d) 9MPa

图4.3(a)和(b)分别为不同围压条件下轴向应力-轴向应变、轴向应力-径向应变曲线对比。从图中可以看出，轴向应力-轴向应变曲线在峰值点之前吻合度较好，围压越高，峰值点对应轴向应变越大，岩石发生扩容所需的时间越长，峰值强度随围压的增加而增加，与现有的普遍结果规律一致。轴向应力-径向应变曲线在加载初期一致性较好，随后不同围压下的曲线开始出现分离，表明径向应变对于试样的变形和裂纹扩展更加敏感。

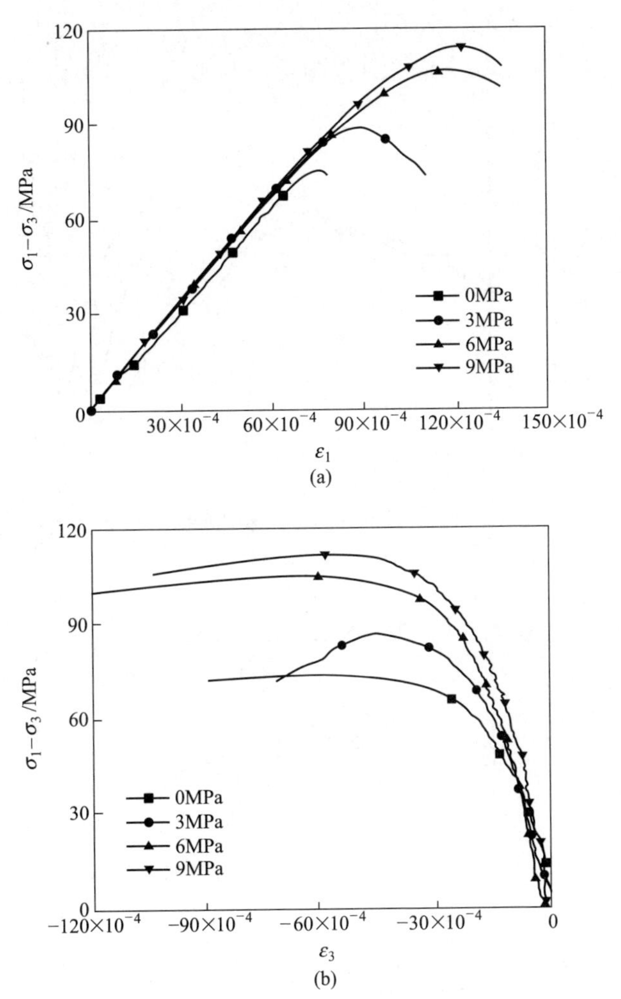

图4.3 不同围压条件下江持安山岩应力-应变对比曲线

(a) 轴向应变；(b) 径向应变

图4.4给出了体积应变和裂隙体积应变随轴向应变变化规律，对于体积应变-轴向应变曲线来说，在加载初始阶段，体积应变朝正方向逐渐增加，

说明岩石体积在不断收缩，如图 4.4(a)所示，这是由于加载初期岩石内部孔隙裂隙一直处于压缩状态，即使出现裂纹的演化，但尚未相互贯通，随着外部荷载的继续增加，体积应变达到峰值点，然后体积应变开始向相反方向快速增加，说明岩石体积开始快速扩大，岩石进入扩容阶段，试样内部裂隙开始相互贯通连接。随着围压的增加，峰值体积应变逐渐增加，围压越低，出现扩容现象越早，峰值体积应变之后向负方向变化速率越小，说明围压对岩石扩容具有一定的约束作用。

对于裂隙体积应变-轴向应变，如图 4.4(b)所示，裂隙体积应变随轴向应

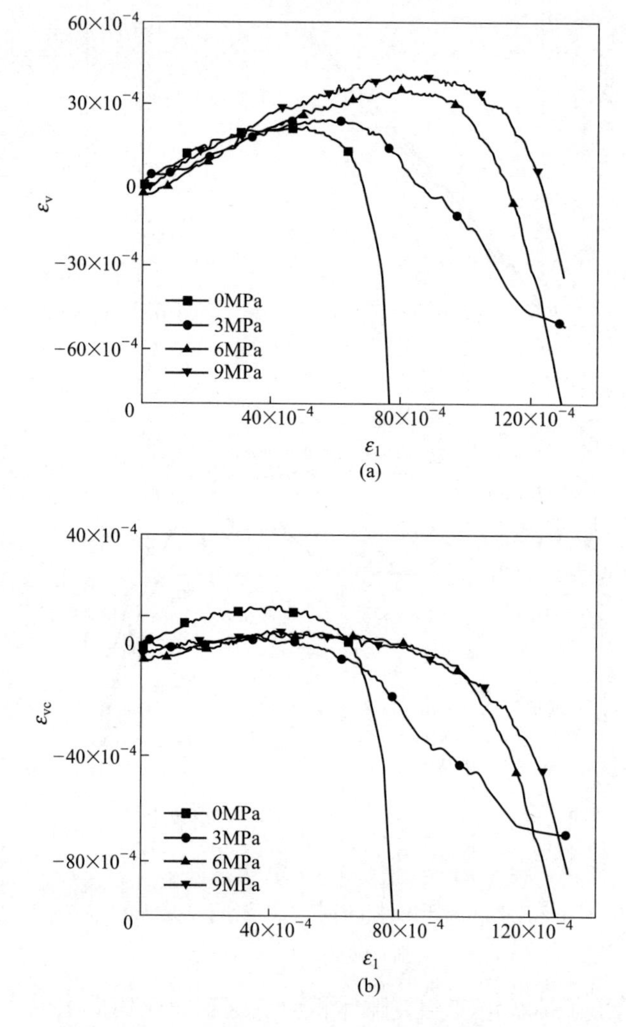

图 4.4　不同围压条件下体积应变、裂隙体积应变随轴向应变变化曲线

(a) 体积应变；(b) 裂隙体积应变

变增大而增大，由图 4.1 可知此时岩石内部裂隙处于闭合阶段，随后岩样进入弹性阶段，裂隙体积应变在较短时间内保持恒定，然后开始向负方向快速变化，说明此时岩石裂隙体积开始增加，随着围压的增加，裂隙体积应变向负方向变化速率越小。从图 4.4(b) 中可以看出，未施加围压（围压 0MPa）时裂隙体积应变曲线较为特殊，裂隙闭合幅度较其他围压情况下大，这是由于围压的施加，对岩石试样存在一个初步的压密作用，然后再承受轴向荷载的作用；而单轴压缩状态下则不存在该情况，岩样原生裂隙皆因轴向荷载作用后才出现闭合。相应的定量分析结果将在 5.1 节进行描述。

4.3 含水状态对岩石全应力-应变曲线的影响

为了解含水状态对岩石渐进性破坏过程的影响，作者进行了不同含水状态条件下相应的试验。图 4.5 给出了不同含水状态条件下岩石渐进性破坏过程曲线，包括全应力-应变曲线、裂隙体积应变曲线、能量演化曲线，根据 4.1 节介绍对渐进性破坏过程进行了阶段划分。从图中可以看出，不同含水状态条件下岩石的应力-应变曲线具有相似性，含水状态从干燥到饱水时，破坏后区应力-应变曲线由应变软化逐渐向塑性流动现象过渡；裂纹体积应变-轴向应变曲线拐点对应岩石的起裂点，而且可以发现岩石的耗散能曲线也同时出现拐点，耗散能增加，与之对应的总应变能与弹性应变能曲线开始出现分离，由此可以发现，通过能量演化曲线也可以确定岩石的起裂点；体积应变-轴向应变曲线最高点对应岩石的扩容点，应力-体积应变曲线开始向负方向转向，此时岩石表现出扩容现象；应力-轴向应变曲线最高点对应岩石的峰值点，可以发现在此同时岩石内部积累的弹性应变能也达到最高点，之后进入破坏后区，弹性能释放，体积应变和裂隙体积应变大幅度增加。

为了直观地了解不同含水状态条件下曲线的演化规律，后文对各变化曲线一一进行了对比分析，以期能够掌握含水状态对岩石渐进性破坏过程的影响；同时，对渐进性破坏过程中特征点处力学参数进行了统计，定量分析力学参数阈值与含水状态之间的关系；然后对不同含水状态下岩石破坏过程中的能量演化规律进行了定量分析，最后采用 3D-DIC 技术对不同含水状态下岩石的全场变形和局部变形进行了系统介绍和分析。

图 4.6(a) 和(b) 所示分别为不同含水状态下应力-轴向应变、应力-径向应

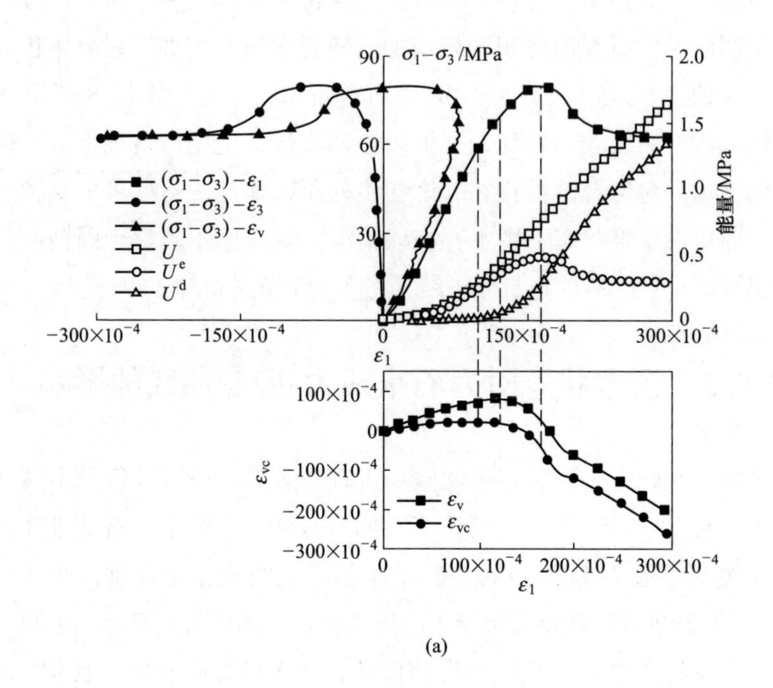

$\sigma_1-\sigma_3$ /MPa
能量/MPa
$(\sigma_1-\sigma_3)-\varepsilon_1$
$(\sigma_1-\sigma_3)-\varepsilon_3$
$(\sigma_1-\sigma_3)-\varepsilon_v$
U
U^e
U^d
ε_1
ε_{vc}
ε_v
ε_{vc}

(a)

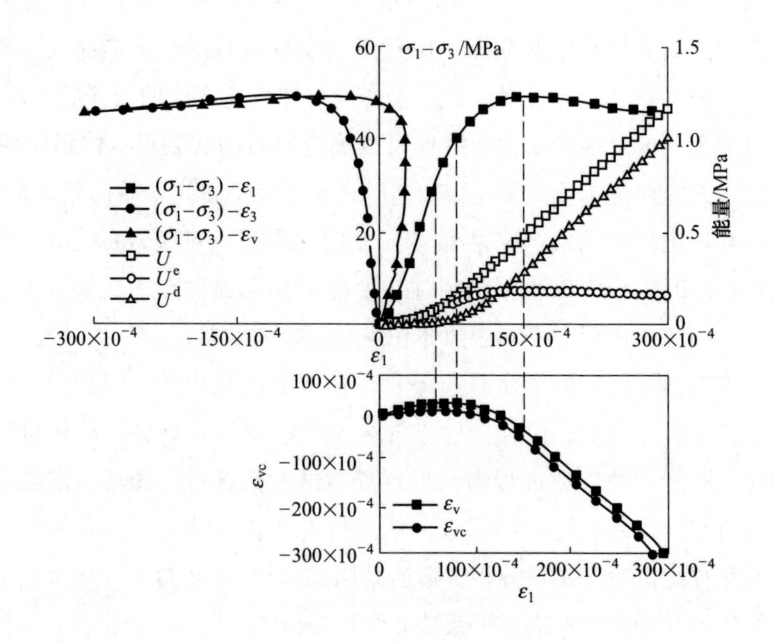

$\sigma_1-\sigma_3$ /MPa
能量/MPa
$(\sigma_1-\sigma_3)-\varepsilon_1$
$(\sigma_1-\sigma_3)-\varepsilon_3$
$(\sigma_1-\sigma_3)-\varepsilon_v$
U
U^e
U^d
ε_1
ε_{vc}
ε_v
ε_{vc}

(b)

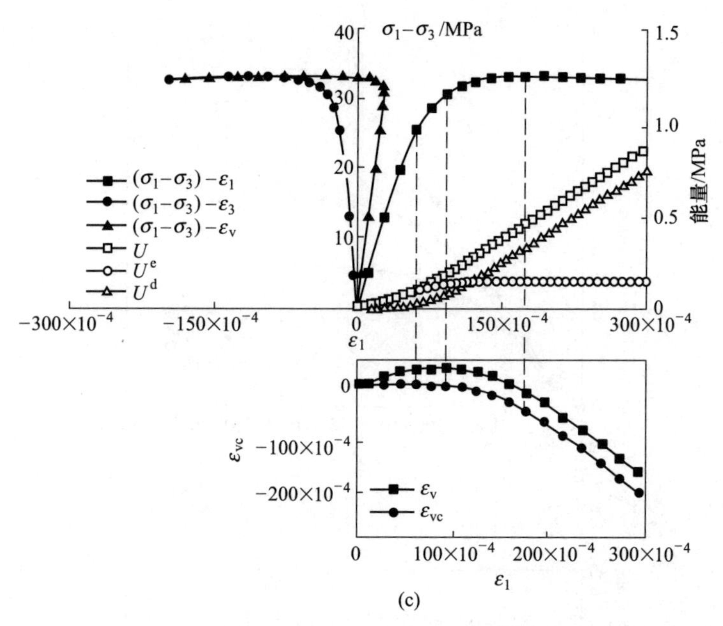

(c)

图 4.5 不同含水状态下荻野凝灰岩全应力-应变曲线及能量演化曲线

(a) 干燥；(b) 自然风干；(c) 饱水

变曲线对比。由图 4.6(a)应力随轴向应变变化曲线可知，随着含水率的增加，曲线在加载初期阶段没有表现出明显的差异，轴向应力在达到峰值强度前的增长速率明显降低，峰值强度明显降低。当应力达到峰值强度之后，干燥状态下试样应力出现明显的快速降低阶段，而自然风干和饱水状态下应力平稳变化，没有出现应力跌落现象。在破坏后区，含水率越高，试样残余强度越低，但自然风干和饱水岩石轴向应力-轴向应变曲线表现出明显的塑性流动状态。由图 4.6(b)轴向应力随径向应变变化曲线可知，不同含水状态下的试验结果曲线在加载初期就表现出明显的差异，表明径向应变对裂纹的闭合、开裂、贯通等过程更加敏感。

在岩石渐进性破坏过程中，水的存在对岩石内部矿物质之间存在一定的物理化学反应，水会弱化矿物颗粒之间的连接作用，导致岩石抗压能力降低；同时，水是一种天然溶剂，会造成岩石内部矿物质和部分胶结物的溶解，溶蚀作用会造成岩样内部孔隙裂隙体积的增加。此外，从微细观角度分析可知，水对岩石内部原生裂纹存在一定的润滑作用，降低裂纹面之间的摩擦力，促进裂纹的滑移和新生裂纹的产生；同时，在岩石饱和不排

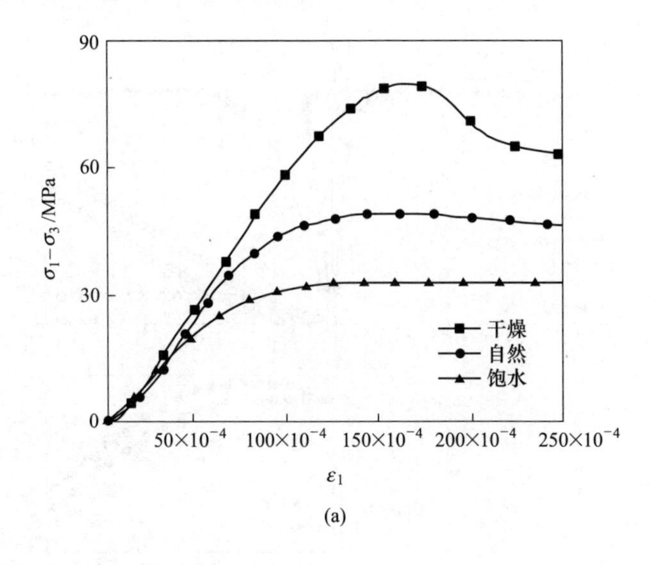

(a)

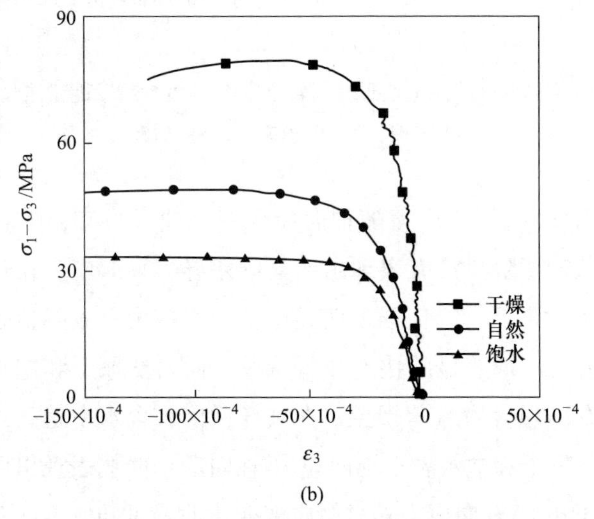

(b)

图 4.6　不同含水状态下应力-应变曲线

（a）轴向应变；（a）径向应变

水的静态压缩荷载作用下，岩样中的自由水会渗入到裂纹形成孔隙水压，对裂纹尖端有一定的张拉作用，该张拉应力会促进裂纹的发育，因此含水率越高，岩石的抗压能力越低。

图 4.7 所示为体积应变和裂隙体积应变随轴向应变变化曲线。对于体积应变-轴向应变来说，如图 4.7(a)所示，在加载初始阶段，不同含水状态下试样体积应变均朝正方向逐渐增加，说明岩石体积在不断收缩，这是由于加载

初期岩石内部孔隙裂隙一直处于压缩状态，即使出现裂纹的演化，但尚未相互贯通，随着外部荷载的继续增加，体积应变达到峰值点，干燥状态下试样体积应变最大，这是由于试样经过风干，内部孔隙裂隙内基本不存在水分，在外部荷载作用下，孔隙裂隙的闭合程度较大，因此试样的压缩量最大。

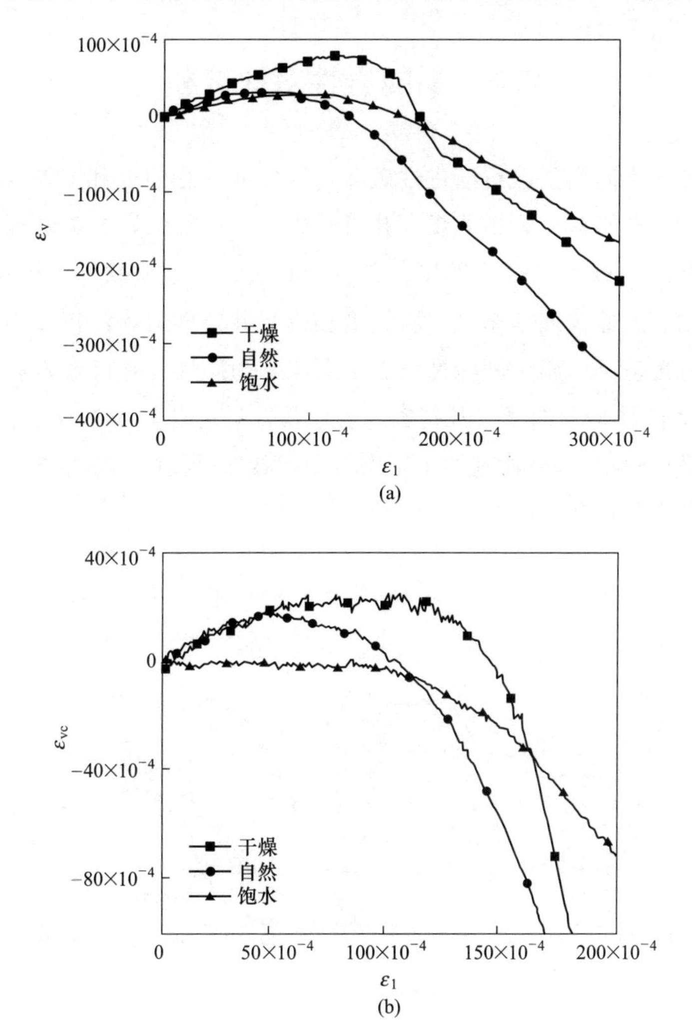

图 4.7 不同含水状态下体积应变、裂隙体积应变随轴向应变演化曲线

（a）体积应变；（b）裂隙体积应变

对于裂隙体积应变-轴向应变，如图 4.7(b)所示，干燥和自然风干状态下岩石裂隙体积应变随轴向应变增大而增大，说明此时岩石内部裂隙处于闭合阶段，而饱水状态下试样裂隙体积应变没有出现较大变化，这是由于饱水状

态下水分充满试样内部裂隙，在裂隙重新开裂演化之前，轴向荷载的施加并不能使内部裂隙进行充分闭合，因此裂隙体积应变变化幅度较小。随后岩样进入弹性阶段，裂隙体积应变在较短时间内保持恒定，然后开始向负方向快速变化，说明此时岩石裂隙体积开始增加。

4.4 不同岩性对比分析

为了对比不同类型岩石渐进性破坏过程之间的相似性和差异性，作者以田下凝灰岩、荻野凝灰岩、原煤、井口砂岩、江持安山岩 5 类岩石为研究对象进行了相应的试验。田下凝灰岩和荻野凝灰岩质地松软，抗压强度较低，属于较软岩石；原煤质地坚硬，脆性度较高；井口砂岩和江持安山岩质地坚硬，抗压强度较高，属于硬脆性岩石。图 4.8 为原煤、井口砂岩和田下凝灰岩典型的全应力-应变曲线（江持安山岩和荻野凝灰岩全应力-应变曲线在 4.2 节和 4.3 节已给出）。图中还给出了岩石变形破坏过程中的能量演化曲线，便于后文进行能量机制的分析。

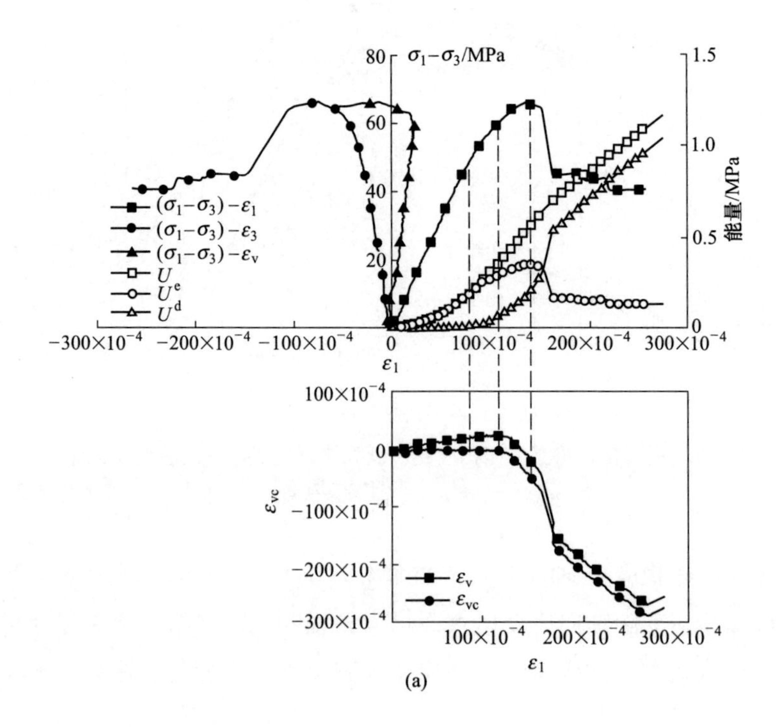

(a)

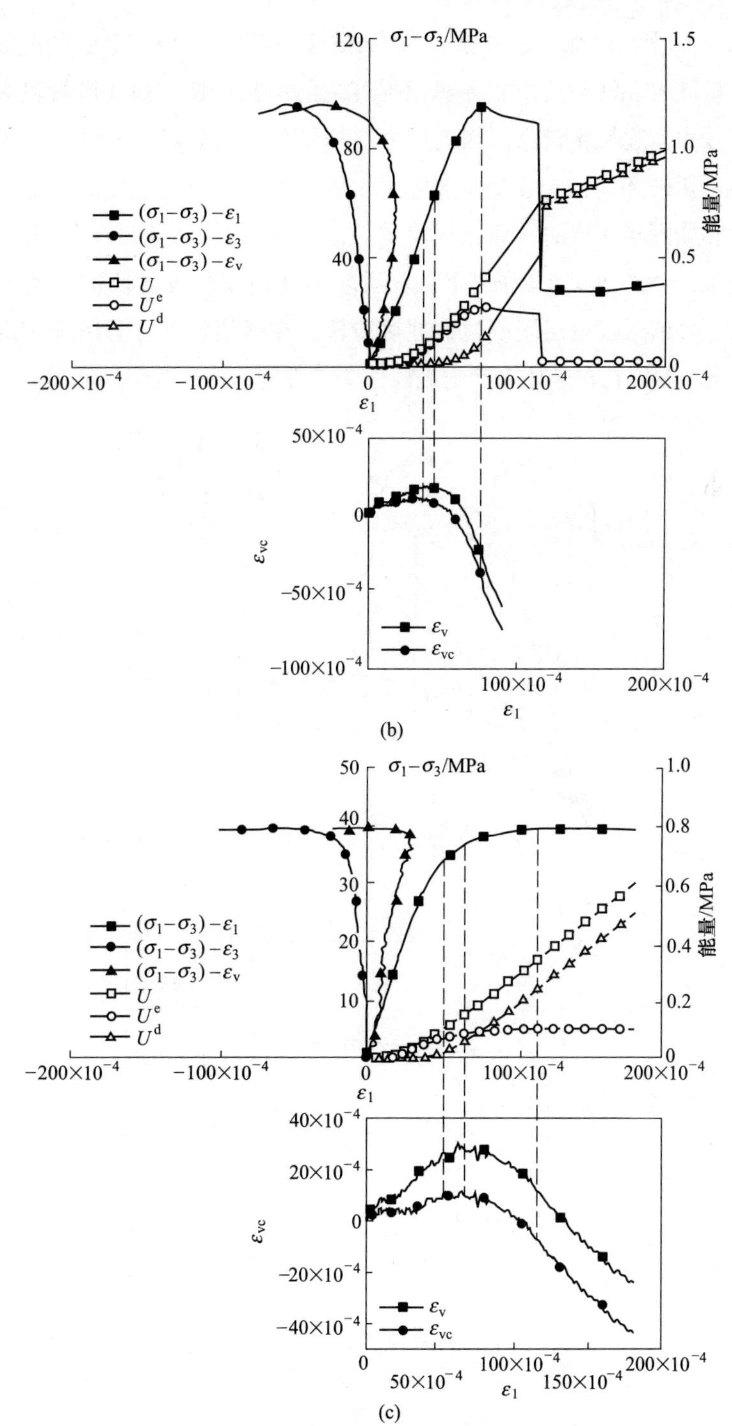

图 4.8 岩石典型全应力-应变曲线及其能量演化曲线

（a）原煤；（b）井口砂岩；（c）田下凝灰岩

图 4.9(a)和(b)所示分别为 5 类岩石的应力-轴向应变、应力-径向应变曲线对比。井口砂岩和江持安山岩在峰值强度之前增长较快，弹性模量较大，表明岩石刚性较大，脆性度较高，因此应力在峰值强度之后跌落明显，由于围压作用下发生剪切破坏，径向应变在破坏发生后呈现一段较为稳定的增加阶段；田下凝灰岩和荻野凝灰岩曲线演化规律类似，在峰值强度之前表现出较明显的体积压缩现象，在围压 9MPa 条件下破坏后区应力-应变曲线近似呈塑性流动状态；原煤在临近峰值强度处出现明显的屈服阶段，在峰值强度之后出现一定程度的应力跌落。5 类岩石在破坏之后均表现出一定程度的抵抗变形的能力。

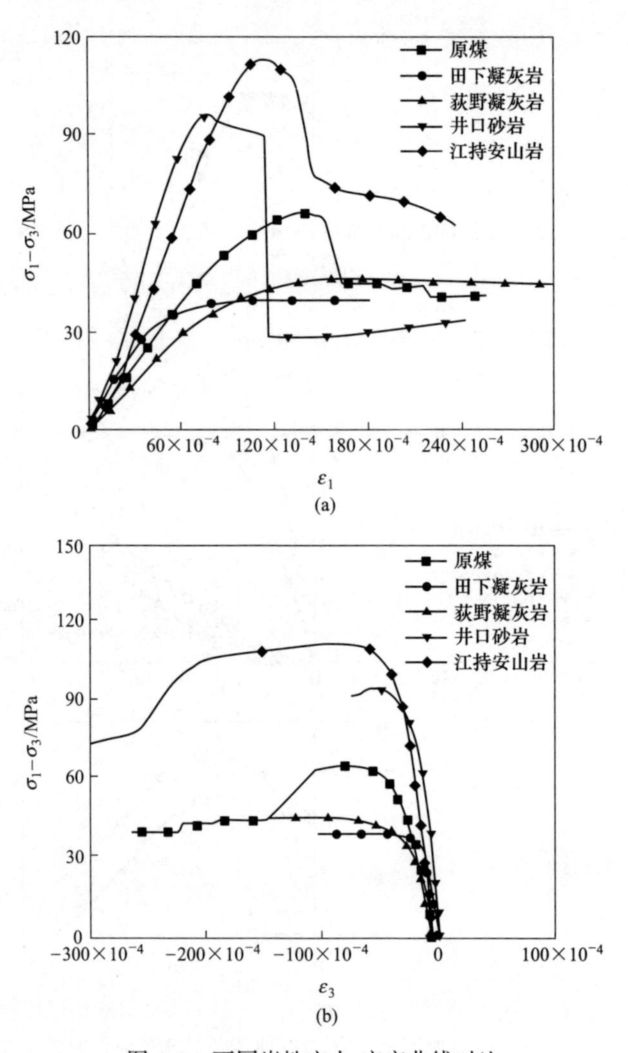

图 4.9　不同岩性应力-应变曲线对比

（a）轴向应变；（b）径向应变

图 4.10 所示为 5 类岩石的体积应变-轴向应变和裂隙体积应变-轴向应变对比曲线。从图 4.10(a)中可以看出，体积应变曲线均存在明显的拐点，即为扩容点。经过扩容点之后，体积应变曲线向负方向增加，试样发生扩容。不同类型岩石的扩容规律各不相同，江持安山岩扩容速率最快，而田下凝灰岩扩容速率最慢。图 4.10(b)所示裂隙体积应变与轴向应变曲线演化规律类似，拐点之后曲线的斜率可以在一定程度上衡量试样裂隙扩展速率，井口砂岩、江持安山岩和原煤裂纹扩展速率较快，这是由于该 3 类岩石均能够表现一定的脆性，而田下凝灰岩和荻野凝灰岩较平缓，相比于前 3 类岩石来说，围压对两类凝灰岩的裂纹扩展侧向约束作用更明显。

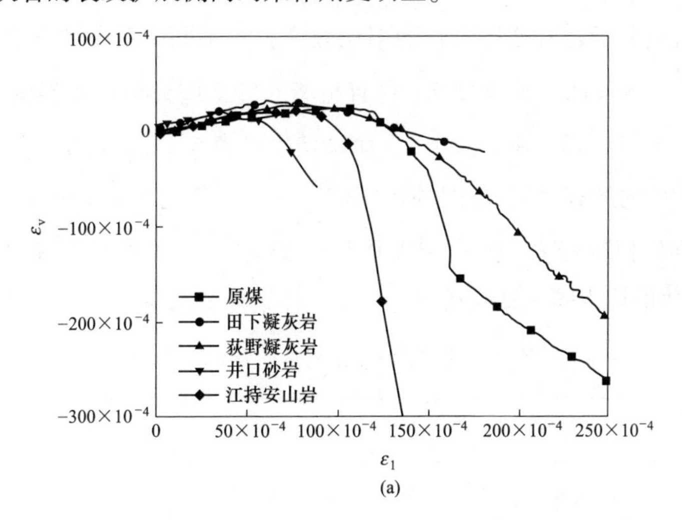

(a)

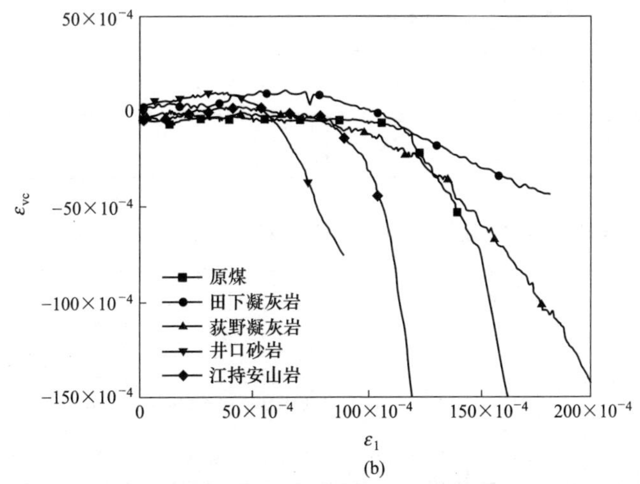

(b)

图 4.10 不同岩性体积应变、裂隙体积应变随轴向应变演化曲线

(a) 体积应变；(b) 裂隙体积应变

5　力学特征参数分析

5.1　围压对特征应力阈值影响

为了定量分析岩石破坏过程的围压效应，对不同围压条件下岩石的特征应力阈值及其相应的变形参数进行统计分析，特征应力包括起裂应力（σ_{ci}）、扩容应力（σ_{cd}）、峰值应力（σ_c），统计结果见表 5.1；相应的试验参数包括特征应力对应的加载时间（t）、轴向应变（ε_1）、径向应变（ε_3）、体积应变（ε_v）、弹性体积应变（ε_{ve}）、裂隙体积应变（ε_{vc}）等参数，统计结果见表 5.2，表中数值均为同一试验条件下多个试样结果的均值。

表 5.1　不同围压下江持安山岩特征应力阈值均值统计

σ_3/MPa	σ_{ci}/MPa	σ_{cd}/MPa	σ_c/MPa	σ_{ci}/σ_c	σ_{cd}/σ_c
0	39.73	51.68	68.80	0.5774	0.7511
3	51.72	68.10	86.63	0.5970	0.7861
6	67.95	84.84	107.08	0.6346	0.7923
9	73.66	98.18	115.06	0.6402	0.8533

表 5.2　不同围压下江持安山岩特征点应变参数均值统计

特征点	σ_3/MPa	t/s	ε_1	ε_3	ε_v	ε_{ve}	ε_{vc}
起裂	0	53.67	42.61×10^{-4}	-7.74×10^{-4}	27.13×10^{-4}	15.11×10^{-4}	12.02×10^{-4}
	3	95.33	45.71×10^{-4}	-9.96×10^{-4}	25.79×10^{-4}	16.76×10^{-4}	9.03×10^{-4}
	6	128.67	57.52×10^{-4}	-13.29×10^{-4}	30.94×10^{-4}	22.69×10^{-4}	8.26×10^{-4}
	9	145.20	65.85×10^{-4}	-13.86×10^{-4}	38.13×10^{-4}	33.96×10^{-4}	4.17×10^{-4}

续表 5.2

特征点	σ_3/MPa	t/s	ε_1	ε_3	ε_v	ε_{ve}	ε_{vc}
扩容	0	67.67	54.37×10^{-4}	-12.73×10^{-4}	28.91×10^{-4}	25.91×10^{-4}	3.00×10^{-4}
	3	116.33	61.67×10^{-4}	-17.61×10^{-4}	26.46×10^{-4}	22.10×10^{-4}	4.36×10^{-4}
	6	150.00	73.44×10^{-4}	-19.45×10^{-4}	34.55×10^{-4}	28.04×10^{-4}	6.50×10^{-4}
	9	163.00	88.70×10^{-4}	-21.42×10^{-4}	45.87×10^{-4}	46.94×10^{-4}	-1.07×10^{-4}
峰值	0	92.33	75.37×10^{-4}	-45.04×10^{-4}	-14.71×10^{-4}	34.51×10^{-4}	-33.36×10^{-4}
	3	149.67	88.82×10^{-4}	-48.58×10^{-4}	-8.33×10^{-4}	28.17×10^{-4}	-36.50
	6	192.33	107.72×10^{-4}	-55.39×10^{-4}	-3.07×10^{-4}	35.36×10^{-4}	-38.42×10^{-4}
	9	200.25	121.00×10^{-4}	-55.96×10^{-4}	9.08×10^{-4}	50.76×10^{-4}	-41.68×10^{-4}

由表 5.1 可知，单轴压缩条件下岩石起裂应力约为峰值应力的 58%，扩容应力约为峰值应力的 75%，与以往的研究成果[19]相一致。图 5.1 是根据表 5.1 绘制而成，从图中可以看出，岩石起裂应力、扩容应力、峰值应力均随着围压的增加，起裂应力水平（σ_{ci}/σ_c）和扩容应力水平（σ_{cd}/σ_c）也随围压增加而增加。这是由于围压能够有效抑制试样内部裂纹尖端的张拉行为，从而抑制裂纹的增长[20]。当应力达到起裂应力水平时，微裂纹在低围压条件下更容易演化和贯通。由于试样损伤的增加，摩擦强度在低围压条件下较低[21,147]。随着围压的增加，摩擦强度分量逐渐增加，导致裂纹扩展阻力的增加，此时要促进裂纹的扩展，需要更高的应力。因此随着围压的增加各特

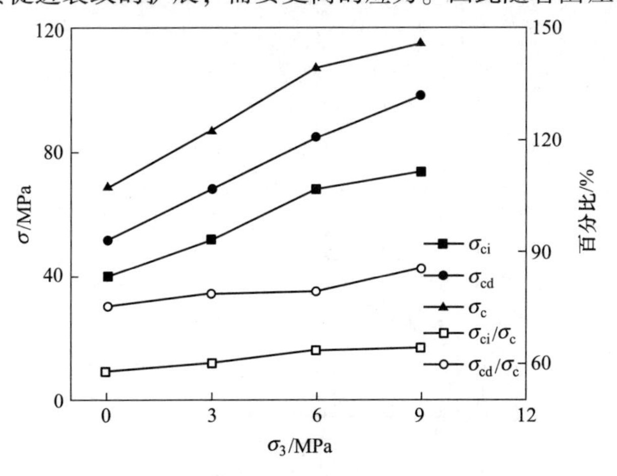

图 5.1 特征点应力阈值随围压变化规律

征应力阈值也随之增加。起裂应力水平随围压增加，表明岩石弹性变形过程延长；扩容应力水平随围压增加，表明岩石体积压缩过程延长，则裂纹不稳定扩展向宏观失稳破坏阶段的过程减少，因此岩石越稳定。

对图5.1中数据分别进行线性拟合，结果见表5.3。起裂应力、扩容应力、峰值应力、起裂应力水平、扩容应力水平均和围压呈现较好的线性关系，其相关系数分别为0.9710、0.9975、0.9726、0.9363、0.9041。

表5.3 特征应力阈值及应力水平与围压线性拟合

类　型	拟合公式	R^2
$\sigma_{ci}-\sigma_3$	$y=3.3937x+40.562$	0.9710
$\sigma_{cd}-\sigma_3$	$y=5.2086x+52.260$	0.9975
$\sigma_c-\sigma_3$	$y=5.3071x+70.511$	0.9726
$\sigma_{ci}/\sigma_c-\sigma_3$	$y=0.0075x+0.5784$	0.9363
$\sigma_{cd}/\sigma_c-\sigma_3$	$y=0.0104x+0.7487$	0.9041

图5.2是由表5.2中数据绘制而成，由图中可以看出，起裂点（CI）、扩容点（CD）和峰值点（CP）对应的加载时间（t）、轴向应变（ε_1）、体积应变（ε_v）、弹性体积应变（ε_{ve}）随围压的增加存在不同幅度的增加（体积应变随围压增大且为正值，说明起裂点之前，围压越大，岩样的体积压缩量越大），而径向应变（ε_3）和裂隙体积应变（ε_{vc}）随围压增加存在不同幅度的减小，说明随着围压的增加，岩石破裂从张拉劈裂逐渐向剪切过渡的损伤破裂特征。

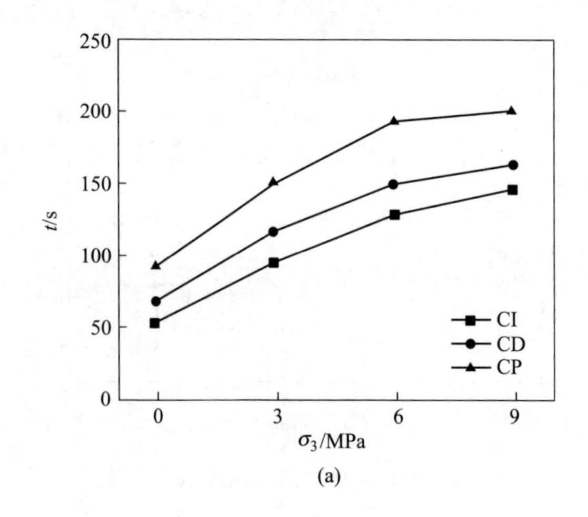

(a)

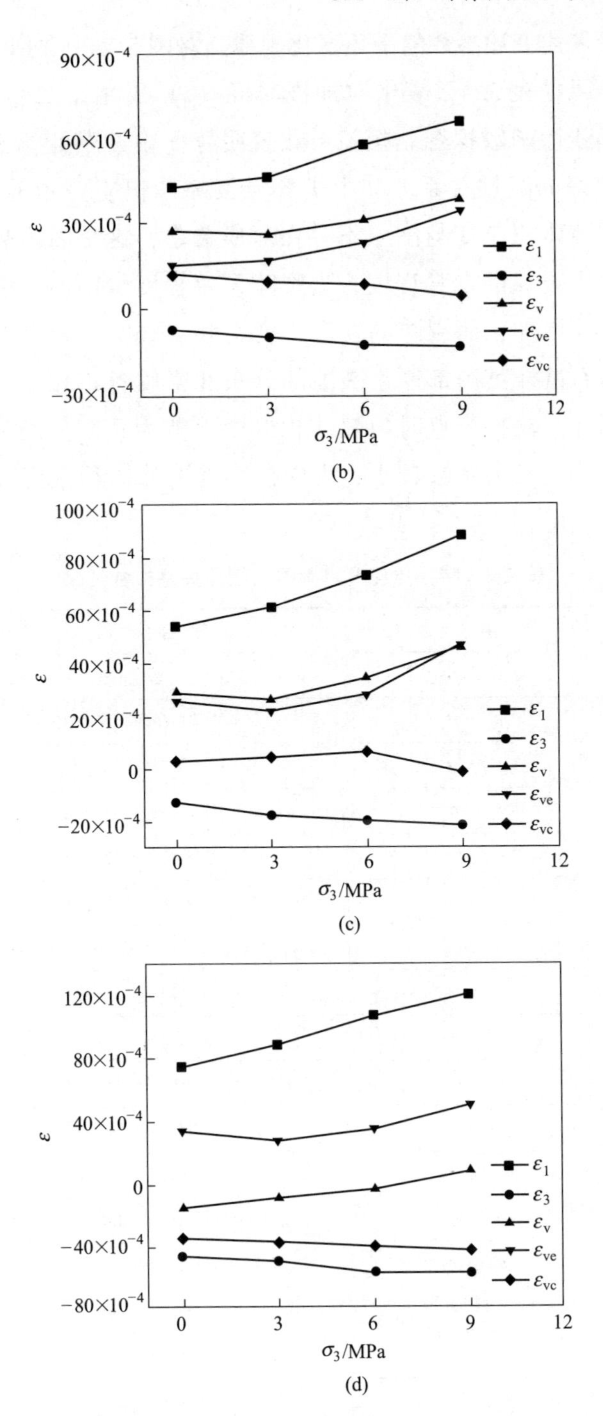

图 5.2 特征点处各应变阈值随围压变化规律

（a）时间；（b）起裂点；（c）扩容点；（d）峰值点

为了定量表述上述参数随围压变化规律，对图5.2中数据分别进行数据拟合，拟合结果见表5.4。表中对加载时间（t）采用了二项式函数拟合，其余参数采用线性函数拟合。相关系数表明特征应力点处各变形参数和围压之间存在较好的线性关系，其中扩容点裂隙体积应变相关系数非常小，表明扩容点裂隙体积应变与围压不存在对应关系，这是因为裂隙体积应变表征岩石试样中裂隙的发育程度，当裂隙发育程度较高时，裂隙体积应变会向负方向快速增加，而裂隙的发育程度又和岩石本身含有的原生裂隙有关，不同的岩石试样其内部原生裂隙的分布和密度各不相同，表现出一定的离散性，因此，在扩容点时裂隙体积应变可能为正、可能为负，导致与围压之间拟合公式相关系数较小，表中扩容点裂隙体积应变拟合公式不能作为经验公式使用。

表5.4 特征点应变等参数与围压关系拟合结果

特征点	类 型	拟 合 公 式	R^2
起裂	$t-\sigma_3$	$y=-1.3727x^2+24.5680x+91.3290$	0.9973
	$\varepsilon_1-\sigma_3$	$y=2.7176x+40.6930$	0.9589
	$\varepsilon_3-\sigma_3$	$y=-0.7230x-7.9582$	0.9430
	$\varepsilon_v-\sigma_3$	$y=1.2715x+24.7760$	0.7912
	$\varepsilon_{ve}-\sigma_3$	$y=2.0830x+12.7560$	0.8938
	$\varepsilon_{vc}-\sigma_3$	$y=-0.8114x+12.0210$	0.9416
扩容	$t-\sigma_3$	$y=-0.9907x^2+19.5720x+67.3830$	0.9997
	$\varepsilon_1-\sigma_3$	$y=3.8249x+52.3350$	0.9765
	$\varepsilon_3-\sigma_3$	$y=-0.9300x-13.6160$	0.9369
	$\varepsilon_v-\sigma_3$	$y=1.9649x+25.1030$	0.7760
	$\varepsilon_{ve}-\sigma_3$	$y=2.3009x+20.3940$	0.6418
	$\varepsilon_{vc}-\sigma_3$	$y=-0.3359x+4.7092$	0.1665
峰值	$t-\sigma_3$	$y=-0.6981x^2+16.5480x+53.2430$	0.9993
	$\varepsilon_1-\sigma_3$	$y=5.1934x+74.8570$	0.9950
	$\varepsilon_3-\sigma_3$	$y=-1.3195x-45.3040$	0.9206
	$\varepsilon_v-\sigma_3$	$y=2.5544x-15.752$	0.9623
	$\varepsilon_{ve}-\sigma_3$	$y=1.8645x+28.8110$	0.5666
	$\varepsilon_{vc}-\sigma_3$	$y=-0.8962x-33.4590$	0.9909

5.2 含水状态对特征应力阈值影响

为了定量分析不同含水状态下荻野凝灰岩力学特征参数，对不同含水状态下岩石的特征应力阈值及其相应的应变参数进行统计分析，表中结果均为同一试验条件下多个试样结果的均值。为了方便后文进行绘图分析，将干燥状态、自然风干状态、饱水状态分别用编号 1、2、3 表示。

在相同的试验条件下，含水状态不同，渐进性破坏过程中荻野凝灰岩的特征应力阈值也不同，随着含水率的增加，荻野凝灰岩起裂应力、扩容应力、峰值应力均明显降低；起裂应力水平和峰值应力水平却没有表现出明显的相关性，具体结果见表 5.5。为直观了解特征应力阈值与含水率的关系，将表 5.5 内容绘制成图，如图 5.3 所示，并将图中数据点进行线性拟合，拟合结果见表 5.6。

表 5.5 不同含水状态下荻野凝灰岩特征应力阈值

含水状态	编号	σ_{ci}/MPa	σ_{cd}/MPa	σ_c/MPa	σ_{ci}/σ_c	σ_{cd}/σ_c
干燥	1	52.30	64.12	77.92	0.6711	0.8229
自然	2	30.64	37.49	47.57	0.6441	0.7882
饱水	3	22.21	29.30	33.02	0.6726	0.8875

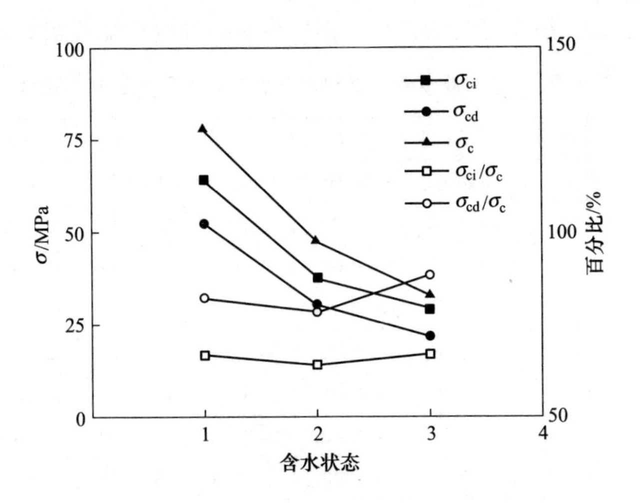

图 5.3 特征点应力阈值随含水状态变化规律

表 5.6 特征应力阈值与含水状态关系线性拟合

类型	拟合公式	R^2
$\sigma_{ci}-\sigma_3$	$y=-15.0440x+63.157$	0.9359
$\sigma_{cd}-\sigma_3$	$y=-17.4110x+78.4620$	0.9145
$\sigma_c-\sigma_3$	$y=-22.453x+97.743$	0.9604

可以看出，应力阈值与含水率之间呈现明显的线性关系，起裂应力、扩容应力、峰值应力拟合相关系数分别为 0.9359、0.9145、0.9604，相关性非常高。通过上述分析得知，含水率越高，岩石特征应力阈值越低，主要原因在于本书进行的含水状态三轴压缩试验为不排水试验，在压缩过程中水分始终存在于试样内部的孔隙裂隙中，在外部荷载作用下试样被压缩，产生孔隙水压并在试样内部的裂隙尖端形成张拉应力，促进裂隙的发育和扩展，导致破坏过程的加速；含水率越高，岩样内部被水充满的孔隙裂隙越多，则产生的孔隙水压越大，因此会导致裂纹起裂越早，峰值强度越低，这与水对岩石强度特性的弱化机理解释相同。

特征点应力阈值对应的应变等参数统计见表 5.7。从表中可以发现，应变参数与含水状态并没有表现出较为明显的相关性。原因之一在于岩石在三轴压缩过程中的变形并不是均匀的，比如对于轴向应变来说，即使施加的轴向荷载为均布荷载，通过试样表面应变测量可以发现在试样表面不同位置其轴向应变并不完全相等，表现出非均匀变形，对于径向应变来说非均匀性变形表现得更加明显，后文进行的试样表面应变场特征分析能够很好地说明这一

表 5.7 不同含水状态下荻野凝灰岩特征点应变参数值统计

特征点	含水状态	编号	t/s	ε_1	ε_3	ε_v	ε_{ve}	ε_{vc}
起裂	干燥	1	146.33	89.94×10^{-4}	-18.04×10^{-4}	53.85×10^{-4}	47.47×10^{-4}	6.38×10^{-4}
	自然	2	115.50	62.03×10^{-4}	-18.35×10^{-4}	25.34×10^{-4}	18.56×10^{-4}	6.78×10^{-4}
	饱水	3	102.50	56.71×10^{-4}	-12.51×10^{-4}	31.70×10^{-4}	32.64×10^{-4}	-0.94×10^{-4}
扩容	干燥	1	172.67	110.76×10^{-4}	-25.54×10^{-4}	59.68×10^{-4}	58.87×10^{-4}	0.81×10^{-4}
	自然	2	140.00	78.55×10^{-4}	-26.17×10^{-4}	26.20×10^{-4}	22.33×10^{-4}	3.88×10^{-4}
	饱水	3	141.00	88.77×10^{-4}	-24.65×10^{-4}	39.47×10^{-4}	42.56×10^{-4}	-3.08×10^{-4}
峰值	干燥	1	228.67	160.23×10^{-4}	-76.76×10^{-4}	6.72×10^{-4}	71.73×10^{-4}	-65.00×10^{-4}
	自然	2	233.50	161.40×10^{-4}	-72.11×10^{-4}	-48.65×10^{-4}	28.46×10^{-4}	-77.11×10^{-4}
	饱水	3	238.00	176.45×10^{-4}	-89.64×10^{-4}	-2.83×10^{-4}	48.00×10^{-4}	-50.83×10^{-4}

点；原因之二在于本书选取的含水状态仅有3种，其中干燥状态与自然风干状态的具体含水量跨度并不大，因此，增加中间含水率的试验来研究含水率对变形特性的影响非常有必要；原因之三在于在高围压条件下，荻野凝灰岩会在加载后期表现出近似塑性流动现象，这对于确定峰值点处的应变值带来了困难，力信号数据的波动有可能会造成获取的峰值点对应的应变值过大，因此对于高围压下含水率对岩石变形特性的影响可通过试样表面变形场特征进行定性描述。

5.3 不同岩性应力阈值对比分析

对不同岩性岩石特征应力阈值和相应的应变等参数的均值进行统计，统计结果分别见表5.8和表5.9，表中结果均为同一试验条件下多个试样结果的均值。为直观对比不同岩性之间的差异，将表5.8绘制成图5.4，可以看出，对于5种不同类型的岩石，在相同的试验条件下其表现出的渐进性破坏特征应力阈值也不同，起裂应力由大到小排序为江持安山岩、原煤、井口砂岩、荻野凝灰岩、田下凝灰岩，扩容应力由大到小排序与起裂应力排序相同，这与岩石峰值强度的大小有关。起裂应力水平和扩容应力水平排序则发生了变化，起裂应力水平由大到小排序为原煤、田下凝灰岩、荻野凝灰岩、江持安山岩、井口砂岩，扩容应力水平由大到小排序为田下凝灰岩、江持安山岩、原煤、荻野凝灰岩、井口砂岩。

表5.8 不同岩性特征应力阈值均值统计

岩　性	起裂	扩容	峰值	起裂/峰值	扩容/峰值
荻野	30.64	37.49	47.57	0.6441	0.7882
砂岩	48.19	61.27	95.11	0.5066	0.6442
田下	27.18	36.09	39.62	0.6861	0.9109
江持	73.66	98.18	115.06	0.6402	0.8533
原煤	68.38	76.90	94.02	0.7273	0.8179

表 5.9　不同岩性特征点应变参数均值统计

特征点	岩　性	t/s	ε_1	ε_3	ε_v	ε_{ve}	ε_{vc}
起裂	荻野	115.50	62.03×10^{-4}	-18.35×10^{-4}	25.34×10^{-4}	18.56×10^{-4}	6.78×10^{-4}
	砂岩	92.00	38.96×10^{-4}	-12.35×10^{-4}	14.26×10^{-4}	8.48×10^{-4}	5.79×10^{-4}
	田下	121.00	34.50×10^{-4}	-7.60×10^{-4}	19.30×10^{-4}	13.17×10^{-4}	6.13×10^{-4}
	江持	145.20	65.85×10^{-4}	-13.86×10^{-4}	38.13×10^{-4}	33.96×10^{-4}	4.17×10^{-4}
	原煤	162.50	112.33×10^{-4}	-41.34×10^{-4}	29.66×10^{-4}	34.84×10^{-4}	-5.18×10^{-4}
扩容	荻野	140.00	78.55×10^{-4}	-26.17×10^{-4}	26.20×10^{-4}	22.33×10^{-4}	3.88×10^{-4}
	砂岩	104.67	47.01×10^{-4}	-15.94×10^{-4}	15.12×10^{-4}	10.95×10^{-4}	4.17×10^{-4}
	田下	171.00	61.78×10^{-4}	-15.65×10^{-4}	30.48×10^{-4}	17.49×10^{-4}	12.99×10^{-4}
	江持	163.00	88.70×10^{-4}	-21.42×10^{-4}	45.87×10^{-4}	46.94×10^{-4}	-1.07×10^{-4}
	原煤	184.50	132.27×10^{-4}	-48.37×10^{-4}	35.53×10^{-4}	39.01×10^{-4}	-3.48×10^{-4}
峰值	荻野	233.50	161.40×10^{-4}	-72.11×10^{-4}	-48.65×10^{-4}	28.46×10^{-4}	-77.11×10^{-4}
	砂岩	150.00	82.31×10^{-4}	-57.20×10^{-4}	-32.10×10^{-4}	16.64×10^{-4}	-48.74×10^{-4}
	田下	289.00	136.65×10^{-4}	-69.31×10^{-4}	-1.96×10^{-4}	19.20×10^{-4}	-21.16×10^{-4}
	江持	200.25	121.00×10^{-4}	-55.96×10^{-4}	9.08×10^{-4}	50.76×10^{-4}	-41.68×10^{-4}
	原煤	236.00	177.81×10^{-4}	-85.32×10^{-4}	7.16×10^{-4}	47.97×10^{-4}	-40.81×10^{-4}

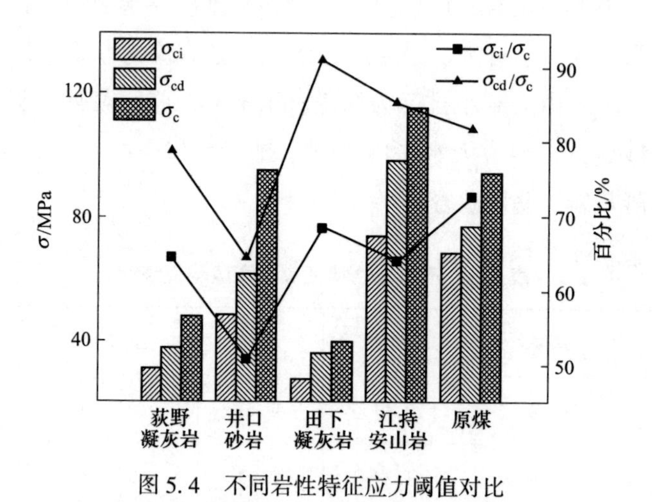

图 5.4　不同岩性特征应力阈值对比

表 5.9 为各类岩石特征应力阈值对应的应变等参数，为直观对比不同岩性之间的差异，将表 5.9 绘制成图 5.5，从图中可以很清晰地看出各类岩石之间的差异性。对于加载时间来说，如图 5.5(a) 所示，井口砂岩到达起裂点、扩容点所需的时间最短，而原煤所需的时间最长，这是因为井口砂岩是一种

较为均匀致密的岩石，其本身含有的原生裂隙较少，在加载初期产生的非线性变形很小，能够很早的进入线弹性变形阶段，因此到达起裂点和扩容点所需的时间较短，而原煤本身含有的缺陷很多，原生裂隙的压密和闭合需要外部荷载施加较长的时间，之后才进入到线弹性变形阶段，所以原煤到达起裂点所需的时间较长；对于到达峰值点所需时间来说，田下凝灰岩反而最大，主要原因是田下凝灰岩质地松软，在围压 9MPa 时应力-应变曲线已经开始由应变软化向塑性流动行为转变，在岩石达到屈服应力之后，在外部荷载的继续作用下，岩石发生膨胀变形，应力基本保持稳定状态，因此在数据处理中采用最大值函数确定峰值强度时由于数据点的跳动，就会造成对加载时间、应变等参数取值的影响。通过第 5.2 节不同含水状态荻野凝灰岩数据的分析，也出现了类似的情况，因此，对于应力-应变曲线在峰后区域保持塑性流动现象时，确定峰值强度及其对应的应变参数就变得较为困难；若围压继续增加，应力-应变曲线甚至会出现应变硬化现象，应力在外部荷载作用的情况下一直保持增加，该条件下无法精确的确定岩石的峰值强度。

图 5.5(b)和(c)所示为 5 类岩石在起裂点和扩容点处各应变参数对比。从图中可以看出，原煤在起裂点和扩容点处的轴向应变最大，而径向应变在负方向最大，泊松效应较为明显；田下凝灰岩轴向应变最小，径向应变在负方向也最小。对于扩容点裂隙体积应变来说，在相同的试验条件下原煤的裂隙体积应变在负方向最大，说明原煤发生扩容时因裂隙的发展产生的体积应变最多，裂隙发育程度较其他岩石大。

工程实践表明，地下岩体开挖后并不一定直接发生破坏，而是随着时间的增加岩体内部的应力和应变逐渐不断进行调整、变化和发展，表现为岩体的力学性质随着时间的增加而发生变化。岩石的破坏并不是突发性的，而是在一定条件下其承载力逐渐降低，破坏过程随着时间的增加逐渐发生，表现为明显的时间依存性性质。因此，时效特征是岩石的重要力学特性之一，与工程的长期稳定性密切相关。岩石的时效特征通常包括荷载速率依存性、蠕变、应力松弛、弹性后效等方面，而近些年的研究大大地丰富和扩展了岩石的时效特征研究内容，比如广义应力松弛概念的提出。因此本书以岩石渐进性破坏特性研究为基础，结合以往对岩石时效特性的试验研究，初步探讨岩石渐进性破坏过程中特征应力阈值与时效特性的关系，为实际工程的开挖设计和长期稳定性分析提供参考。

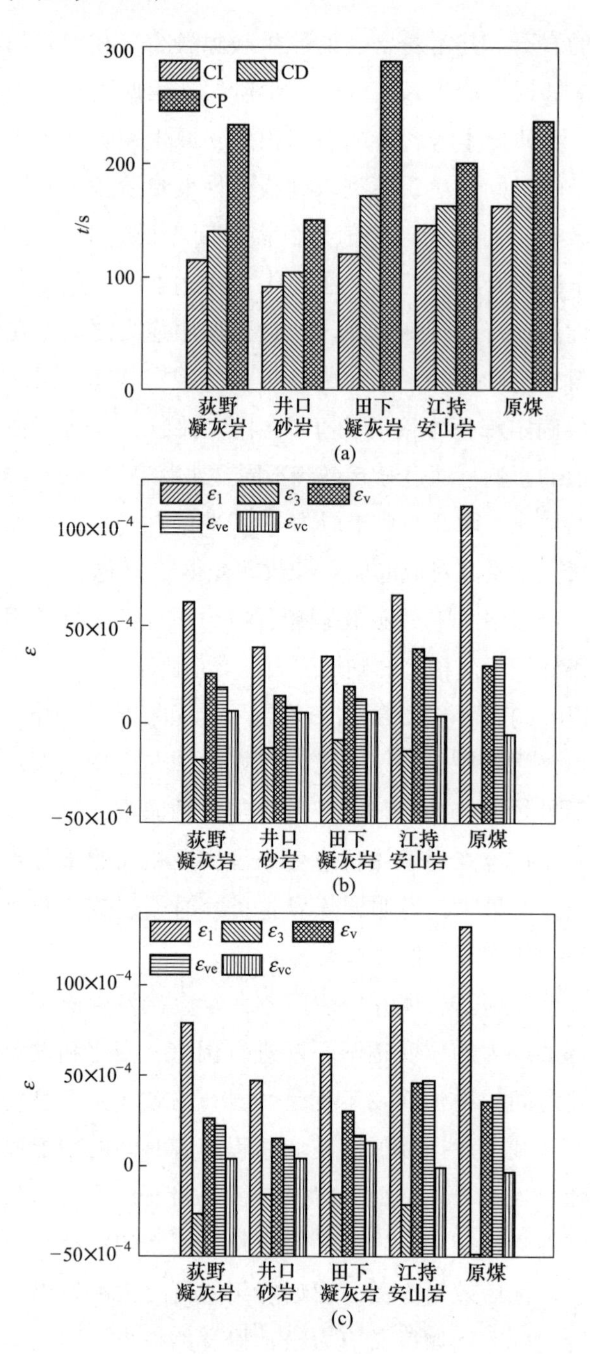

CI
CD
CP
t/s
300
200
100
0
荻野凝灰岩
井口砂岩
田下凝灰岩
江持安山岩
原煤
(a)
ε_1
ε_3
ε_v
ε_{ve}
ε_{vc}
ε
100×10^{-4}
50×10^{-4}
0
-50×10^{-4}
荻野凝灰岩
井口砂岩
田下凝灰岩
江持安山岩
原煤
(b)
ε_1
ε_3
ε_v
ε_{ve}
ε_{vc}
ε
100×10^{-4}
50×10^{-4}
0
-50×10^{-4}
荻野凝灰岩
井口砂岩
田下凝灰岩
江持安山岩
原煤
(c)

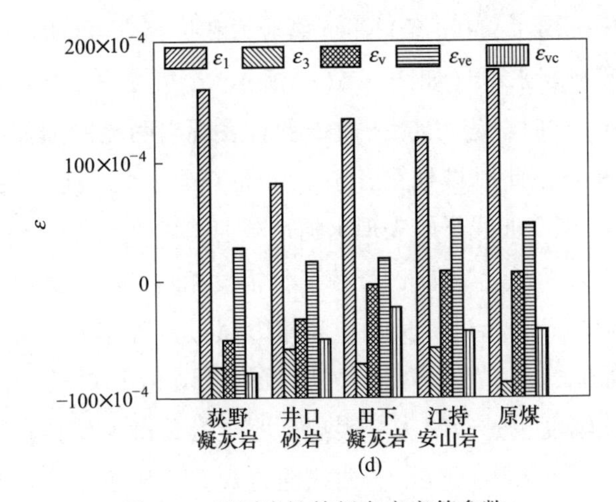

图 5.5 不同岩性特征点应变等参数

（a）时间；（b）起裂点应变；（c）扩容点应变；（d）峰值点应变

5.4 应力阈值与时效特性关系初探

通过渐进性破坏试验研究，能够量化试样在不同阶段的特征应力阈值。通过特征应力阈值的计算，结合试样内部裂纹的演化扩展规律，将试样的受力状态划分为裂纹闭合、弹性变形、裂纹稳定扩展、裂纹非稳定扩展和破坏 5 个阶段。在不同阶段内试样内部裂纹均具有各自的演化特征。通过荷载速率依存性机理分析可知，裂纹的演化扩展与荷载速率依存性存在密切的关系。此外，从图 5.6 中可以看出，只有当应力达到一定值时，应力-应变曲线才会表现出明显的荷载速率依存性，当应力低于该临界值时荷载速率依存性并不明显。因此作者推测该临界值与岩石渐进性破坏过程中的特征应力阈值之间存在关系。作者基于交替荷载速率试验结果和渐进性破坏试验结果，初步探讨荷载速率依存性与渐进性破坏之间的关系。

由于目前尚没有关于应力随荷载速率变化幅度为多少时可看作存在荷载速率依存性的相关标准，因此本节只能从定性观察的角度来探讨荷载速率依存性与特征应力阈值之间的关系。第 3 章已经说明应力-应变曲线随荷载速率的变化出现交替变化的现象可看作荷载速率依存性的体现。因此，通过观察应力-应变曲线在不同阶段的变化情况，可以定性的评估其荷载速率依存性。图 5.6 所示为 4 类岩石在围压 9MPa 条件下的交替荷载速率试验结果曲线及局部放大图，图中标出了 9MPa 条件下起裂应力和扩容应力点的位置。

对于田下凝灰岩来说（如图 5.6(a)所示），从图中可以看出，当应力小于起裂应力（σ_{cd}）时，应力-应变曲线没有表现出明显的随荷载速率的变化而交替变化的现象，此时试样处于弹性变形阶段；而当应力超过起裂应力（σ_{cd}）时，应力-应变曲线开始表现出随荷载速率的变化而交替变化现象，在应力达到扩容应力（σ_{ci}）之前，交替变化幅度相对较小，此时试样内部裂纹处于稳定扩展阶段，尚未进行贯通；当应力超过扩容应力并继续增加时，试样内部裂纹开始非稳定扩展，众多微裂隙之间开始互相贯通，此时应力-应变曲线的交替变化幅度也越来越大，表现出明显的荷载速率依存性。对于荻野凝灰岩来说（如图 5.6(b)所示），曲线演化规律与田下凝灰岩类似，在起裂应力之前曲线交替变化现象微弱，当应力超过起裂应力后，曲线交替变化现象越来越明显，且在峰值强度附近达到最大。对于井口砂岩来说（如图 5.6(c)所示），应力-应变曲线在峰值强度之前表现出较好的近似线性变化的规律。通过曲线局部放大图可知，曲线表现出轻微的交替变化现象。对于江持安山岩来说（如图 5.6(d)所示），当应力小于起裂应力时，应力-应变曲线交替变化现象不明显，而当应力超过起裂应力时，应力-应变曲线交替变化现象随应力增加逐渐显现，在应力达到峰值强度时，曲线的交替变化现象已经可以明显观察到。由此可推测，起裂应力或许是岩石表现明显的荷载速率依存性的临界应力阈值，即裂纹的起裂和扩展时导致岩石荷载速率依存性的内在原因。

通过上述分析可知，荷载速率依存性与渐进性破坏过程中裂纹扩展之间存在密切的关系。当应力达到起裂应力时，试样内部裂纹重新开始起裂时，应力-应变曲线的荷载速率依存性开始显现，随着应力的增加，试样内部裂纹逐渐由稳定扩展向非稳定扩展状态转变，微裂纹之间开始连接贯通，应力-应变曲线荷载速率依存性随着裂纹扩展的加剧而逐渐增加，表现为应力-应变曲线的交替变化现象越来越明显。

基于速率过程论和随机过程论，假设材料破坏过程速率为 $\mathrm{d}h/\mathrm{d}t$，且与应力 σ 的 n 次方成正比[148]，表达式如下：

$$\frac{\mathrm{d}h}{\mathrm{d}t} = k\sigma^n \tag{5.1}$$

对上式两侧进行积分计算，可得材料破坏的程度 h 为：

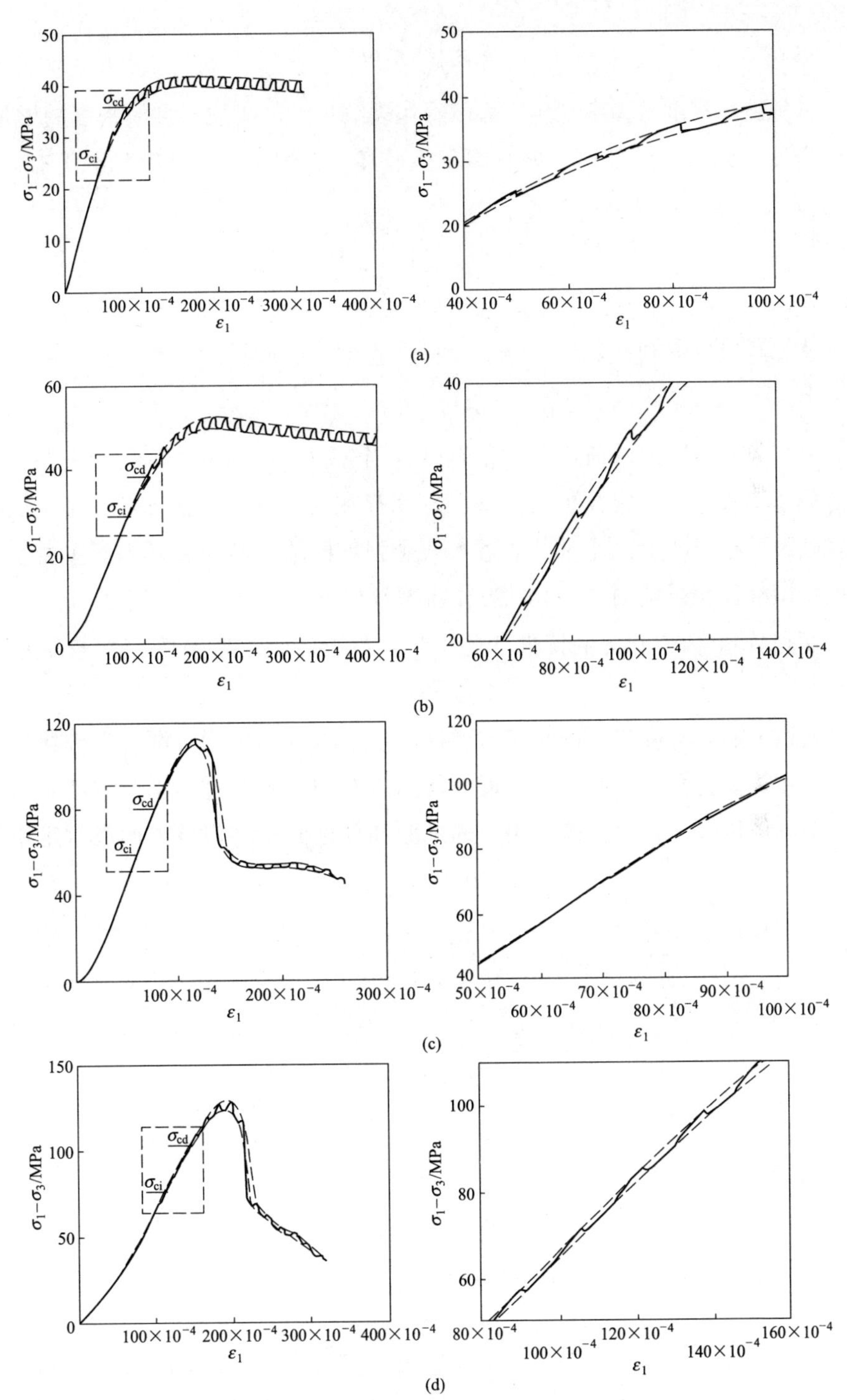

图 5.6 交替加载下全应力-应变曲线与特征应力阈值关系

（a）田下凝灰岩；（b）荻野凝灰岩；（c）井口砂岩；（d）江持安山岩

$$h = \int_0^h k\sigma^n \mathrm{d}t \tag{5.2}$$

材料破坏程度从微细观角度可以看作裂纹尺寸的扩展和裂纹密度的增加。假设当 h 达到某一预定值 A 时材料发生破坏，在恒定应力速率加载下有 $\sigma = Ct$ ，代入上式计算可得：

$$\sigma = \left(\frac{n+1}{k}AC\right)^{\frac{1}{n+1}} \tag{5.3}$$

从上式可以得到：

$$\sigma \propto C^{\frac{1}{n+1}} \tag{5.4}$$

上式表明了应力的荷载速率依存性，当应力达到峰值强度时，表明岩石的荷载速率依存性与裂纹扩展和增长之间存在对应关系。在破坏后区，试样宏观破裂面已经产生，此时试样进入残余强度阶段，破坏试样内部主要发生的是摩擦滑移和粗糙面的剪切[149]，新裂纹的开裂和扩展大幅度减小，微裂纹尺度和数量基本不发生较大变化[150]，因此其荷载速率依存性较峰值强度小。

通过上述分析可知，特征应力阈值不仅仅可以作为岩石渐进性破坏过程划分裂纹扩展过程的参数，也可近似作为岩石加载破坏过程中荷载速率依存性临界阈值指标，后续应追加相关的试验和理论分析并对该方面进行定量化研究。

6　能量演化规律及统计分析

岩体的变形破坏过程是与外界进行能量交换的过程[151]，用能量的方法研究岩石的渐进性破坏过程是从本质上的研究，它反映了岩石内部微裂纹的发展、演化、贯通和强度不断弱化并逐渐丧失的过程。能量的积累、耗散是岩石破坏的真正原因，岩石破坏过程的能量分析是工程界十分关注的问题，例如在油气田工程中井网的布置和压裂缝网改造需要对岩石进行能量分析。前人对岩石破坏过程中的能量演化机制进行了大量研究[152~156]，但大多是对岩石变形破坏过程中能量曲线演化规律、峰值点处能量之间的关系进行研究，而关于岩石渐进性破坏过程中特征点处对应能量的定量研究尚不多见。

6.1　能量计算方法

假设试样加载过程中处于一个封闭系统，即与外界没有热交换过程，则根据热力学第一定律可知单元体吸收的总能量 U 可分为单元耗散能 U^{d} 和单元可释放弹性能 U^{e}[151]。

$$U = U^{\mathrm{e}} + U^{\mathrm{d}} \tag{6.1}$$

耗散能用于单元体内部裂纹的发展演化，新裂隙的产生和滑移摩擦作用消耗的能量也归为耗散能，耗散能是不可逆的；弹性能是加载过程中岩石内部积蓄的能量，当弹性能积累到一定程度后进行释放，导致岩石的破坏，弹性能在一定条件下是可逆的。图 6.1 表示了应力-应变曲线中总应变能、弹性应变能、耗散应变能之间的关系，图中 E_i 表示卸载模量。

在主应力条件下，单元体总应变能、耗散应变能、弹性应变能可分别表示为[153]：

$$U = \int_0^{\varepsilon_1}\sigma_1 \mathrm{d}\varepsilon_1 + \int_0^{\varepsilon_2}\sigma_2 \mathrm{d}\varepsilon_2 + \int_0^{\varepsilon_3}\sigma_3 \mathrm{d}\varepsilon_3 \tag{6.2}$$

$$U^{\mathrm{e}} = \frac{1}{2}\sigma_1\varepsilon_1^{\mathrm{e}} + \frac{1}{2}\sigma_3\varepsilon_2^{\mathrm{e}} + \frac{1}{2}\sigma_3\varepsilon_3^{\mathrm{e}} \tag{6.3}$$

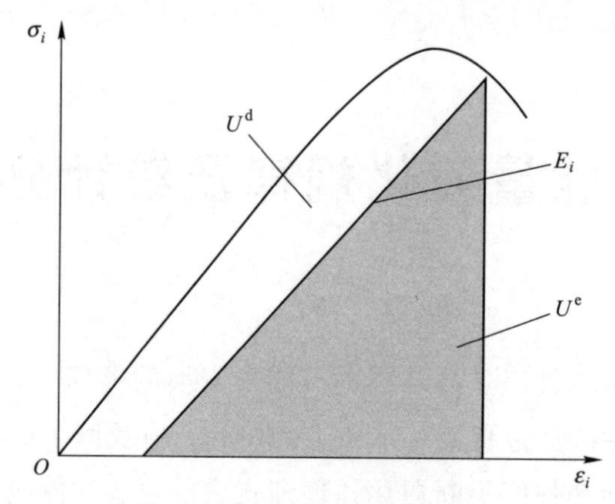

图 6.1　耗散应变能和弹性应变能量值关系示意图[151]

$$\varepsilon_i^{e} = \frac{1}{E_i}[\sigma_i - \nu_i(\sigma_j + \sigma_k)] \tag{6.4}$$

式中，U 为主应变能；σ_i、σ_j、σ_k 为主应力；ε_i^{e} 为三个主应力方向上的弹性应变；ν_i 为泊松比。能量单位为 MJ/m^3，实际上与应力的单位 MPa 是等同的。

三轴压缩试验中，外部荷载输入的功认为是岩样实际吸收的总应变能 U，对应全应力-应变曲线下方包括的面积，总应变能与岩石中积累的可释放弹性应变能之差为岩石变形过程中的耗散能量。在等围压三轴压缩试验中，弹性应变能包括轴向和环向应变能两部分，其中环向应变能指岩石膨胀时对外部做的功，但相关研究成果表明[153,157]，环向应变能所占比例很小，可忽略不计，此外根据谢和平等[151]的研究，卸载模量采用应力-应变曲线峰值点之前的弹性模量代替。在等围压三轴压缩荷载作用下，中间主应力与最小主应力相等，即 $\sigma_2 = \sigma_3$，各部分能量表达式为[153,157]：

$$U = \int \sigma_1 \mathrm{d}\varepsilon_1 + 2\int \sigma_3 \mathrm{d}\varepsilon_3 \tag{6.5}$$

$$U^{e} = \frac{\sigma_{1i}^{2}}{2E} \tag{6.6}$$

6.2　不同影响因素下应变能演化规律

6.2.1　不同围压条件下能量演化曲线分析

基于上述能量计算公式，在不同围压条件下对江持安山岩渐进性破坏过程能量演化曲线进行分析。图 6.2(a)~(c)分别表示岩石总应变能 U 、弹性应变能 U^e 、耗散应变能 U^d 在不同围压条件下的演化曲线，0MPa、3MPa、6MPa、9MPa 四级围压下岩石峰值强度对应的轴向应变值分别为 75.37×10^{-4} 、88.82×10^{-4} 、107.72×10^{-4} 、121.00×10^{-4} （见表 5.2），从图中可以看出，不同围压条件下江持安山岩渐进性破坏过程中特征能量曲线变化规律存在相似性。

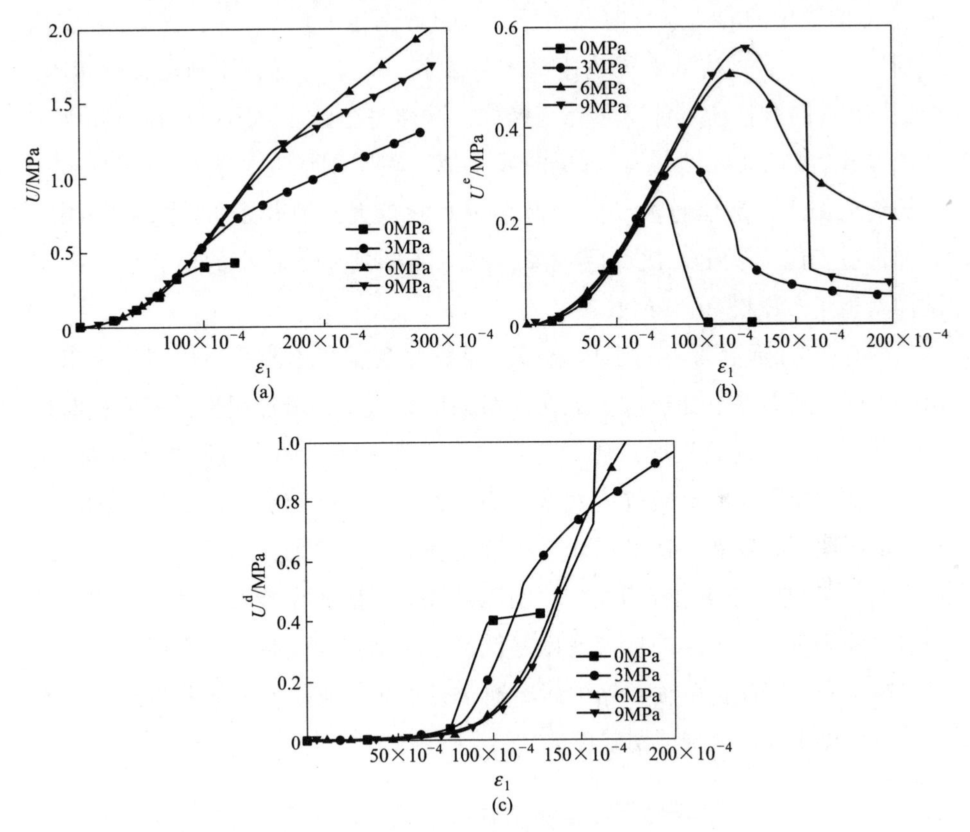

图 6.2 不同围压条件下江持安山岩能量演化曲线

（a）总应变能；（b）弹性应变能；（c）耗散应变能

图 6.2(a)所示为不同围压条件下总应变能变化曲线。随着外部荷载的增加，总应变能不断增加，岩石试样发生破坏后，如果继续加载，在围压为 0MPa 时（单轴压缩条件下），在岩石达到峰值点之后，岩石吸收的总能量开始趋于稳定，而有围压存在时，总应变能依旧会持续增加，不同围压条件下，总应变能在加载初期没有表现出明显的差异。随着围压的增加，岩石吸收的总应变能也逐渐增加。

图6.2(b)所示为不同围压条件下弹性应变能变化曲线。从图中可以看出，随着外部荷载的增加，岩石内部积累的弹性应变能逐渐增加，此时弹性应变能储存在岩样骨架的弹性变形中；加载初期各围压下的弹性应变能曲线一致性较好，表明围压对弹性应变能增加速率没有明显的影响；由于岩石内部裂纹的逐步演化贯通，当弹性应变能积累到最大值（此时对应应力-应变曲线中的峰值点）时开始释放。随着围压的增加，最大弹性应变能逐渐增加，而弹性应变能释放速率逐渐减小，对应岩石破坏剧烈程度越小。围压 0MPa 时弹性应变能基本完全释放，试样完全破坏，围压存在时弹性应变能释放后趋于稳定，存在一定的残余值，表明围压对岩石的破坏具有一定的约束作用，围压越大，残余弹性应变能越大，图 6.2(b) 中围压 9MPa 时弹性应变能出现了二次突降现象，然后降低到一个较小的值，这是由于试样发生了二次破坏所导致。

图6.2(c)所示为不同围压条件下耗散应变能变化曲线。从图中可以看出，不同围压条件下耗散应变能在加载初期非常小，增加缓慢，表明此时试样内部裂纹尚未开始发展，耗散能基本用于裂隙压密闭合过程中的摩擦中，围压的初期压密作用对裂纹的发展影响不大；随着外部荷载的继续增加，岩石内部裂纹开始发展并逐渐贯通，耗散应变能开始增加，不同围压条件下耗散应变能的变化趋势也较为相似。围压越大，耗散应变能增加速率越小，说明岩样破坏时内部裂隙的扩展速度越低，破坏剧烈程度越低，则试样的破坏类型越单一，因此在单轴压缩中岩石通常呈现张拉破坏且破碎程度很高，而在三轴压缩中通常呈现剪切破坏。

6.2.2 不同含水状态条件下能量演化曲线分析

基于能量计算公式，对不同含水状态下荻野凝灰岩能量演化曲线进行对比分析，如图6.3所示。从图中可以看出，岩石破坏过程中总应变能随应变的增加逐渐增加，在加载初期不同含水状态下岩石的总应变能没有表现出较为明显的差异，当应变达到约 40×10^{-4}时，总应变能开始出现分离，含水率越高，总应变能越小且增加速度越低，如图 6.3(a)所示。

对于弹性应变能来说，含水率越高，弹性能储存速率越慢，在相同变形情况下其储存量也越小；通过前文介绍可知，弹性能变化曲线最大值对应岩石全应力-应变曲线的峰值点，峰值点之后弹性能释放，从图中可以看出含水

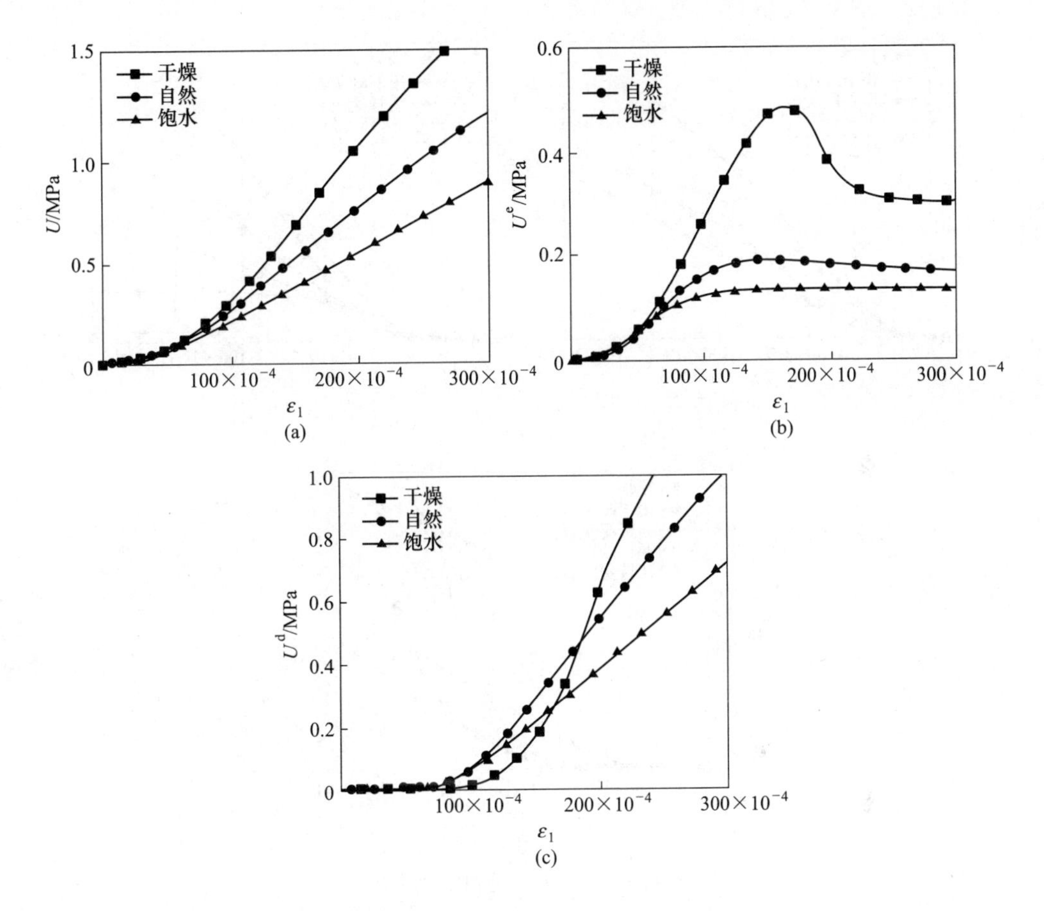

图 6.3 不同含水状态下荻野凝灰岩能量演化曲线

(a) 总应变能；(b) 弹性应变能；(c) 耗散应变能

率越高，弹性能释放速率越低，在饱水条件下弹性能基本不存在释放过程，而干燥状态下弹性能释放较快，释放量也较大，水对岩石的弱化作用非常明显，如图 6.3(b)所示。

对于耗散应变能来说，含水率越高，能量耗散速度越快，其中干燥状态下能量耗散基本呈现“突增”现象，“突增”阶段对应干燥岩样的脆性破坏和峰后应力的快速降低，如图 6.3(c)所示。

6.2.3 不同岩性能量演化曲线对比分析

基于上文表述的能量计算公式，对不同岩性岩石在试验过程中总应变能、弹性应变能和耗散应变能演化曲线进行对比分析，如图 6.4 所示。

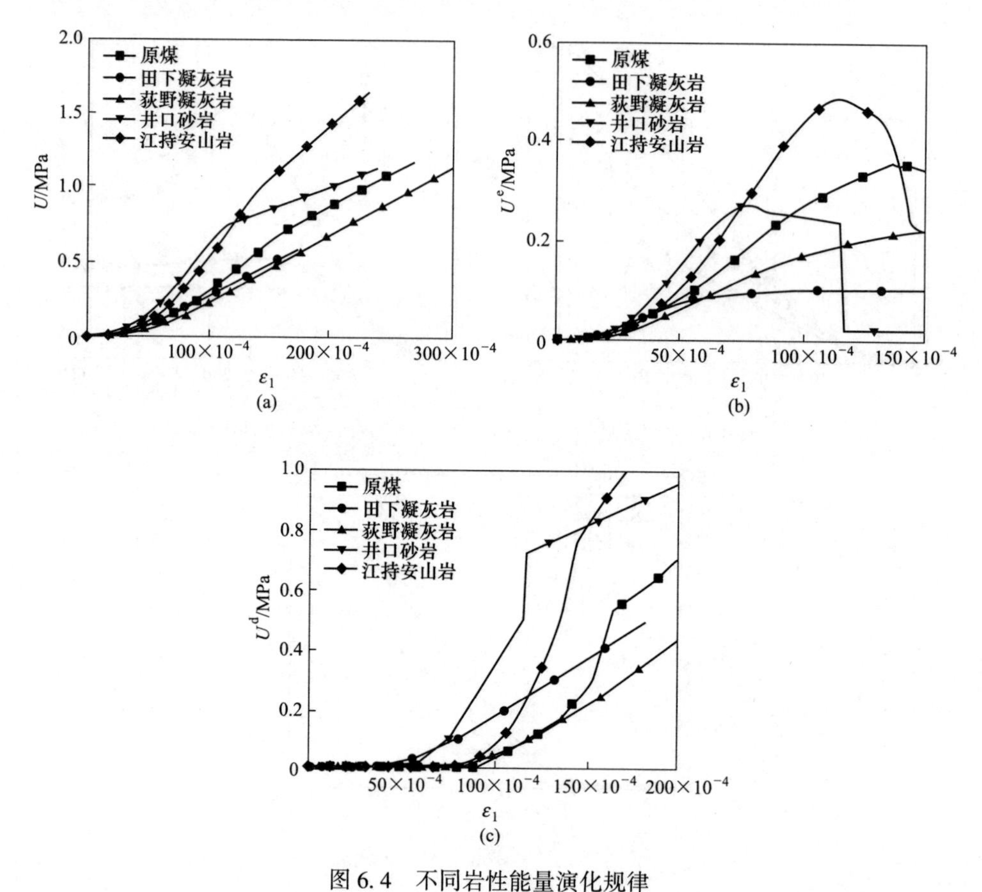

图 6.4　不同岩性能量演化规律

（a）总应变能；（b）弹性应变能；（c）耗散应变能

图 6.4(a) 为不同岩石加载过程中总能量对比曲线。从图中可以看出，以相同的荷载速率加载时，在加载初期各类岩石总能量曲线并没有出现较大的差别，表现为试样初始压密阶段，当应变达到约 20×10^{-4} 时，曲线开始出现分离，表现为能量增加速率开始出现差异。弹性应变能变化规律如图 6.4(b) 所示，对于井口砂岩、原煤和江持安山岩来说，弹性应变能在达到峰值点之后开始释放，出现曲线跌落现象，而凝灰岩类变化较为平缓。从 4.4 节可知，井口砂岩、原煤和江持安山岩的应力-应变曲线在峰值点后出现明显的应力跌落过程。从试样的破坏模式可知，井口砂岩、原煤和江持安山岩表现为脆性破坏，因此弹性应变能出现明显的快速释放现象；而凝灰岩类其变形表现为压缩膨胀，应力-应变曲线在峰值点后变化平缓，因此弹性能释放幅度很小。

应力-应变曲线演化、弹性能演化和试样破坏模式之间具有密切的关系。耗散能的变化在某种程度上能够反映试样破坏时裂纹的扩展贯通速度，图 6.4（c）为不同岩石加载过程中耗散能对比曲线。在经过裂纹扩展阶段之后进入裂纹加速扩展阶段，相同试验条件下井口砂岩和原煤耗散应变能迅速增加，凝灰岩类耗散能增加速率较为平缓且近似相等。

6.3 特征应力阈值处能量定量统计分析

6.3.1 不同围压条件

为了定量描述江持安山岩渐进性破坏过程中特征点的能量与围压的关系，对试验结果进行了统计分析，统计内容包括各级围压下起裂点、扩容点、峰值点所对应的总应变能、弹性应变能、耗散应变能具体值，见表 6.1，表中数据为统计均值。从表中可以看出，在起裂点、扩容点、峰值点处弹性应变能所占比例较大，但随着岩石的变形破坏，该比例值逐渐减小，耗散应变能所占比例逐渐增大；在特征点处，围压越大，弹性应变能所占比例逐渐减小，耗散应变能所占比例逐渐增加，说明围压对裂纹起裂有显著的作用，围压的增加会增加裂纹起裂和岩石扩容的难度，需要耗散更多的能量来完成裂纹的演化贯通。

表 6.1 不同围压下江持安山岩特征点能量值均值统计

特征点	σ_3/MPa	U/MPa	U^e/MPa	U^d/MPa	U^e/U	U^d/U
起裂	0	0.0841	0.0808	0.0033	0.9612	0.0388
	3	0.1216	0.1200	0.0017	0.9864	0.0136
	6	0.2016	0.1965	0.0051	0.9749	0.0251
	9	0.3103	0.2962	0.0141	0.9546	0.0454
扩容	0	0.1414	0.1388	0.0026	0.9814	0.0186
	3	0.2173	0.2085	0.0088	0.9594	0.0406
	6	0.3205	0.2976	0.0229	0.9287	0.0713
	9	0.3800	0.3532	0.0268	0.9295	0.0705
峰值	0	0.2710	0.2434	0.0276	0.8983	0.01017
	3	0.4332	0.3363	0.0969	0.7764	0.02236
	6	0.6588	0.4738	0.1850	0.7192	0.02808
	9	0.7468	0.4928	0.2331	0.6599	0.03121

峰值点处的总应变能随围压增加速度较起裂点和扩容点大，即围压越大，峰值点处总应变能与起裂点和扩容点总应变能之间的差值越大；特征点处弹性应变能随围压增大也逐渐增大，但在起裂点、扩容点和峰值点处的增加幅度没有较大的差异，说明弹性能的累积是一个较为稳定的过程；特征点处耗散应变能表现出与总应变能类似的变化规律，在裂纹起裂和体积扩容时所消耗的能量较小，在岩石达到峰值强度时，所消耗的能量急剧增加。为了定量描述特征点处能量与围压之间的关系，对图 6.5 中的数据一一进行了线性拟合，拟合结果见表 6.2，发现起裂点、扩容点、峰值点处的能量均与围压呈现较好的关系，相关系数很高。

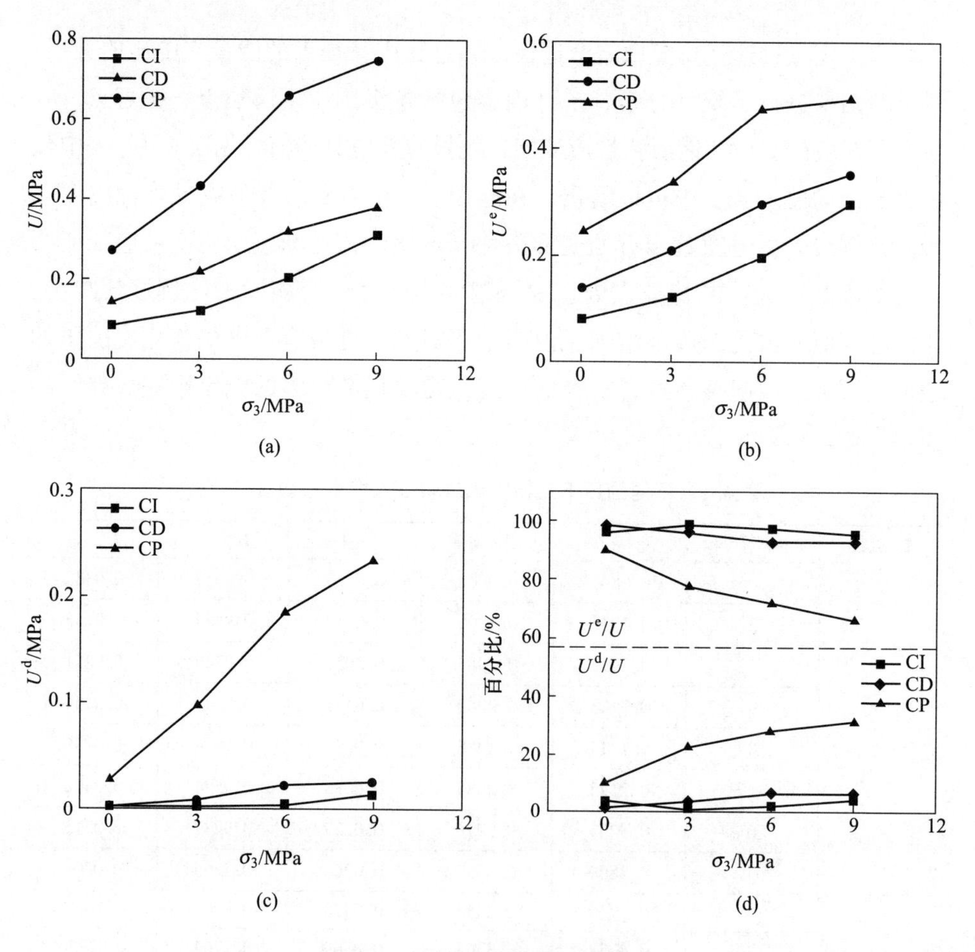

图 6.5 能量随围压变化规律

(a) 总应变能；(b) 弹性应变能；(c) 耗散应变能；(d) 能量百分比

表 6.2 特征点能量值与围压关系线性拟合

能量	特征点	拟合公式	R^2
U	起裂	$y=0.0253x+0.0656$	0.9576
	扩容	$y=0.0275x+0.1419$	0.9906
	峰值	$y=0.0551x+0.2795$	0.9757
U^{e}	起裂	$y=0.0241x+0.0650$	0.9658
	扩容	$y=0.0244x+0.1396$	0.9930
	峰值	$y=0.0295x+0.2537$	0.9375
U^{d}	起裂	$y=0.0012x+0.0006$	0.6943
	扩容	$y=0.0029x+0.0023$	0.9557
	峰值	$y=0.0235x+0.0299$	0.9886

实际工程中，由于脆性岩体弹性能剧烈释放，可能导致岩爆、煤与瓦斯突出、顶板垮塌等地质灾害的发生，通过上述内容可知，虽然通过支护能够有效防止这些地质灾害的发生，但同时也会加剧岩体内能量积累，一旦超过支护强度，造成地应力的卸载，积累的弹性能会以更高的速率释放，会发生更大规模的地质灾害，因此工程中提高支护能力是预防岩爆的被动方法；采用洞壁超前钻孔或松动爆破等方法提前释放岩体能量，然后再进行支护，是有效预防岩爆发生的主动措施。

6.3.2 不同含水状态条件

为了定量描述荻野凝灰岩渐进性破坏过程中特征点处能量与含水率之间的关系，对试验结果进行了统计分析，见表 6.3。由表中数据可知，岩石起裂点处弹性应变能占总能量的绝大部分，在起裂点之前裂纹发育耗散的能量占总能量比例非常小，且与含水率之间没有明确的相关性；到达扩容阶段，弹性应变能仍然占总能量的大部分，但耗散应变能占比已经有了较大幅度的增加；到达峰值点时耗散应变能所占比例继续增加，饱水状态下增加幅度最大，耗散能占总能量比例已经超过一半，通过前文分析得知，孔隙水压的存在会加快岩石内部裂隙的发育，因此耗散的能量占总能量的比例也越大。但由于饱水岩石的峰值强度较低，外部荷载所做的功也比干燥岩石少，因此虽然饱水岩石耗散能的比例比干燥岩石耗散能比例大，但具体的能量值却小得多。

表 6.3　不同含水状态下荻野凝灰岩特征点能量值统计

特征点	含水状态	编号	U/MPa	U^e/MPa	U^d/MPa	U^e/ U	U^d/ U
起裂	干燥	1	0.2363	0.2317	0.0046	0.9805	0.0195
	自然	2	0.0895	0.0871	0.0024	0.9735	0.0265
	饱水	3	0.0707	0.0707	0.0000	1.00	0.00
扩容	干燥	1	0.3546	0.3469	0.0078	0.9781	0.0219
	自然	2	0.1464	0.1283	0.0182	0.8760	0.1240
	饱水	3	0.1511	0.1215	0.0296	0.8042	0.1958
峰值	干燥	1	0.7153	0.5143	0.2011	0.7189	0.2811
	自然	2	0.4842	0.3070	0.1772	0.6341	0.3659
	饱水	3	0.2968	0.1477	0.1492	0.4974	0.5026

图 6.6 为能量随含水率的变化规律，从图中可以看出，裂纹扩展特征点处弹性应变能和总应变能均随着含水率的增加而大幅度减小，如图 6.6(a)和(c)所示。耗散应变能在渐进性破坏过程不同阶段变化规律不同，如图 6.6(b)所示，在起裂点处耗散应变能随含水率的增加变化幅度很小，基本保持恒定，表明起裂点处更多的是岩石本身含有的原生裂隙的重新开裂，而新裂纹的开裂扩展较少，因此起裂点处耗散能近似相等；到扩容点时，耗散应变能随含水率的增加而增加，此时裂纹呈现非稳定扩展状态，更多的新裂纹开始演化贯通，含水率越高，孔隙水压越大，则裂纹扩展程度越大，耗散能越高；峰值点处耗散应变能减小，这与不同含水状态下岩石的峰值强度降低有关。图 6.6(d)为渐进性破坏过程中不同阶段弹性应变能和耗散应变能占总应变能比例随含水率变化情况，在不同含水状态下起裂点处耗散应变能和弹性应变能比例没有较大的差异，在扩容点和峰值点时耗散应变能随含水率增加而增加，弹性应变能相应减小。

为了定量描述特征点处能量与含水率之间的关系，对图 6.6 中的数据一一进行了线性拟合，拟合结果见表 6.4，发现起裂点、扩容点、峰值点处的弹性应变能、耗散应变能、总应变能均与含水率呈现较好的关系，相关系数很高。

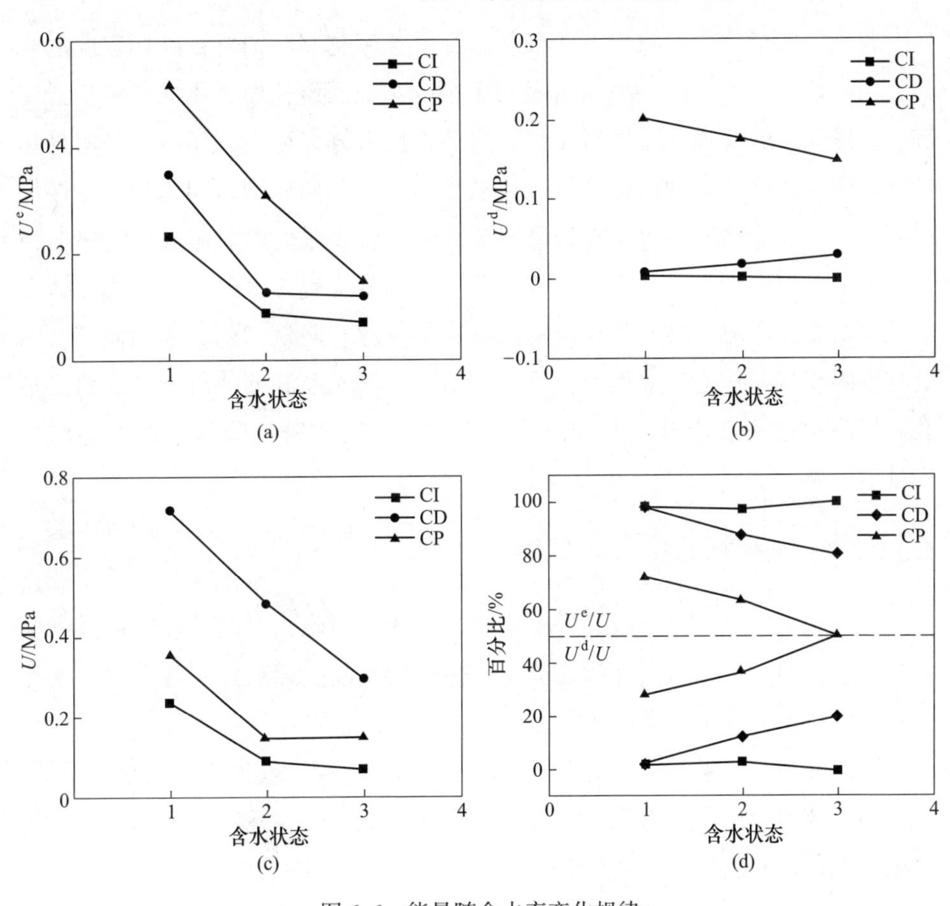

图 6.6 能量随含水率变化规律

（a）弹性应变能；（b）耗散应变能；（c）总应变能；（d）能量百分比

表 6.4 特征点能量值与含水率关系线性拟合

能 量	特征点	拟 合 公 式	R^2
U	起裂	$y=-0.0828x+0.2978$	0.8338
	扩容	$y=-0.1018x+0.4209$	0.7329
	峰值	$y=-0.2092x+0.9173$	0.9964
U^e	起裂	$y=-0.0805x+0.2908$	0.8255
	扩容	$y=-0.1127x+0.4243$	0.7725
	峰值	$y=-0.1833x+0.6896$	0.9944
U^d	起裂	$y=-0.0023x+0.0069$	0.9998
	扩容	$y=0.0190x-0.0033$	0.9557
	峰值	$y=-0.0259x+0.2277$	0.9979

弹性能的释放会导致岩石的破坏，释放速率越高，则岩石破坏程度越剧烈，实际地下工程经验表明，岩爆几乎都发生在新鲜完整、质地坚硬、强度高、干燥无水的高弹、脆性岩体中，这类脆性岩体在地应力作用下积累足够的弹性能，在施工扰动的作用下径向约束卸除，环向应力瞬间增加，弹性能瞬间释放，导致围岩体向动态失稳发展，造成岩块脱离围岩体向临空方向弹射，造成人员伤亡和设备损失。基于前文的分析可知，水的软化作用能够有效地降低岩石内部积累的弹性应变能的释放速率，降低发生岩爆的概率，因此在实际地下工程施工过程中，通常采用向工作面及洞壁喷高压水或超前钻孔高压注水等主动措施，改变围岩的性质和应力条件，降低岩爆发生的可能性。

6.3.3 不同岩性对比

为了定量对比分析加载过程中不同岩性能量演化，对渐进性破坏过程中起裂点、扩容点、峰值点处的总能量、弹性应变能、耗散应变能进行了统计分析，结果如表 6.5 和图 6.7 所示。整体来说，起裂点处外部荷载输入的总能量大部分转换为弹性能，耗散能所占比例很小；扩容点处耗散能所占比例有所增加，但弹性能仍占据主要部分；到达峰值点时，耗散应变能所占比例急剧增加，表明裂纹扩展主要集中在扩容点到峰值点阶段。

表 6.5 不同岩性特征点能量值均值统计

特征点	岩性	U/MPa	U^e/MPa	U^d/MPa	U^e/U	U^d/U
起裂	荻野	0.0895	0.0871	0.0024	0.9735	0.0265
	砂岩	0.0804	0.0722	0.0083	0.8971	0.1029
	田下	0.0510	0.0497	0.0013	0.9744	0.0256
	江持	0.3103	0.2962	0.0141	0.9546	0.0454
	原煤	0.4247	0.4211	0.0036	0.9915	0.0085
扩容	荻野	0.1464	0.1283	0.0182	0.8760	0.1240
	砂岩	0.1253	0.1166	0.0087	0.9305	0.0695
	田下	0.1401	0.0876	0.0525	0.6251	0.3749
	江持	0.3800	0.3532	0.0268	0.9295	0.0705
	原煤	0.5579	0.5188	0.0391	0.9299	0.0701

续表 6.5

特征点	岩性	U/MPa	U^e/MPa	U^d/MPa	U^e/U	U^d/U
峰值	荻野	0.5144	0.2073	0.3070	0.4031	0.5969
	砂岩	0.4166	0.2740	0.1426	0.6577	0.3423
	田下	0.4304	0.1056	0.3248	0.2453	0.7547
	江持	0.7468	0.4928	0.2331	0.6599	0.3121
	原煤	0.9895	0.8038	0.1857	0.8123	0.1877

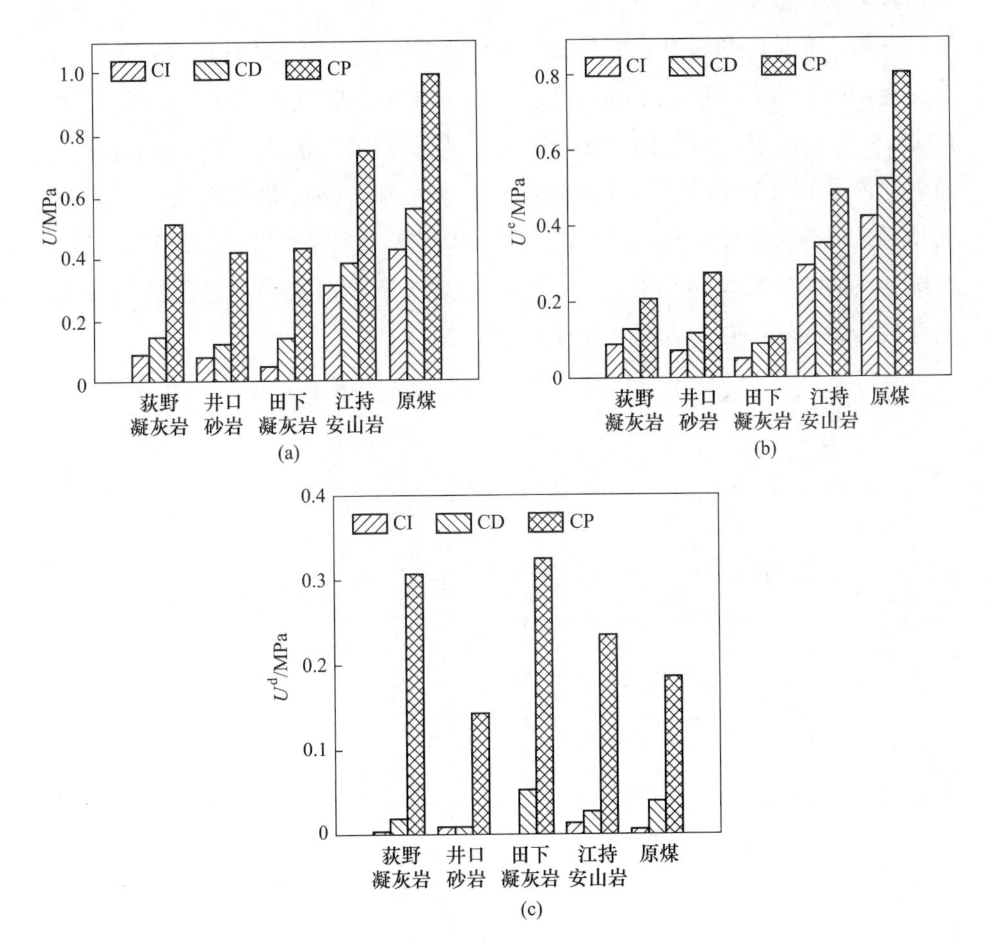

图 6.7　不同岩性特征阈值处能量统计对比分析

（a）总能量；（b）弹性能；（c）耗散能

结合前文试验结果分析，井口砂岩峰值强度较高，弹性变形较为明显，达到峰值强度时对应的变形较小，试样破坏后呈现单一明显的宏观破裂面，次级裂纹较少，因此其破坏时吸收的总能量较小，转化为弹性能和耗散能的部分也较少。原煤则表现出相反的特征，其破坏时吸收的应变能较大，但大部分转化为弹性应变能，耗散能所占比例较其他岩石小。这是由于原煤本身含有较多的裂隙缺陷，加载过程中非线性变形程度较高，屈服阶段较长，因此达到峰值强度时的变形较大，所以吸收的能量较多。在加载过程中原煤本身的裂隙重新进行开裂并进行扩展，但原有裂纹的重新开裂比完整岩石新裂纹的开裂要容易，其耗散的能量也比新裂纹开裂所要耗散的能量少，因此总能量转化为耗散能的比例小。

此外，在扩容和峰值处，两类凝灰岩耗散能占总能量的比例（U^d/U）最大，这是由于两类凝灰岩在临近峰值强度时发生膨胀变形破坏，虽然没有形成类似井口砂岩和江持安山岩这类明显的宏观剪切破裂面，但其内部依旧分布着非常多的微裂纹[158]，这些微裂纹的萌生和扩展需要消耗大量的能量，而相对井口砂岩和江持安山岩来说，裂纹扩展较为规律，宏观裂纹贯通以后，次级裂纹的萌生和扩展相对较少，所以表现为两类凝灰岩耗散能比例较大，而井口砂岩和江持安山岩耗散能所占比例较小。

7 表面变形场演化及宏观破坏特征分析

基于3D-DIC技术能够得到试样加载过程中表面应变场演化云图，从而可以分析裂纹演化扩展规律，通过3组三维采集单元的应变云图的组合，能够观察完整的裂纹形态和分布特征。对于不同围压、不同含水状态和不同岩性条件下的变形场演化特征，作者均选取了峰值强度之前特征应力点（起裂点(A)、扩容点（B)、峰值点（C）和破坏后区某点（D)）进行应变场和裂纹演化说明。

7.1 围压因素影响

图7.1为围压0MPa时由L1、L2、L3得到的试样表面主应变演化云图，图中箭头表示大致的裂纹扩展方向。在峰值强度之前（A、B)，观测区域内试样表现为较为均匀的变形，云图颜色较为一致，表明试样表面应变场以一个近似恒定的速率进行演化。在应力达到扩容应力之前，微裂纹主要在试样内部进行发育，但尚未进行贯通连接。Munoz等[90]基于一组三维采集元也观察到类似的现象。对比L1、L2、L3应变值可知，不同观测区域试样的变形量并不相等，这与岩石的不均质性和试样的端面平整度有关。

当应力达到峰值强度时，应变场不再均匀增加，试样表面出现局部化变形现象，表明裂纹从扩容点开始不稳定扩展，且相互之间开始进行贯通，并从试样内部扩展到试样表面，应力到达峰值点时，表面裂纹已经形成，但裂纹开度并不明显，因此肉眼可能无法观察到表面宏观裂纹的产生，但应变场的演化可以很好地反应裂纹的形成。L1观测区域（如图7.1(a)所示）内右上方和左侧中部出现明显的变形应变集中现象，表明这些区域的裂纹已经开始扩展，造成局部应变值变大，形成变形局部化；L2观测区域（如图7.1(b)所示）也有两处明显的变形局部化区域，且两者之间出现了连接，呈现倒“V”形，表明裂纹已经贯通，宏观破裂带很可能在此处形成，左侧变形局部化区域内应变值较大，表明裂纹扩展速率较快；L3 观测区域（如图 7.1(c)所示）整体变形较均匀，仅在左上方和右上方区域出现了轻微的变形局部化现象。

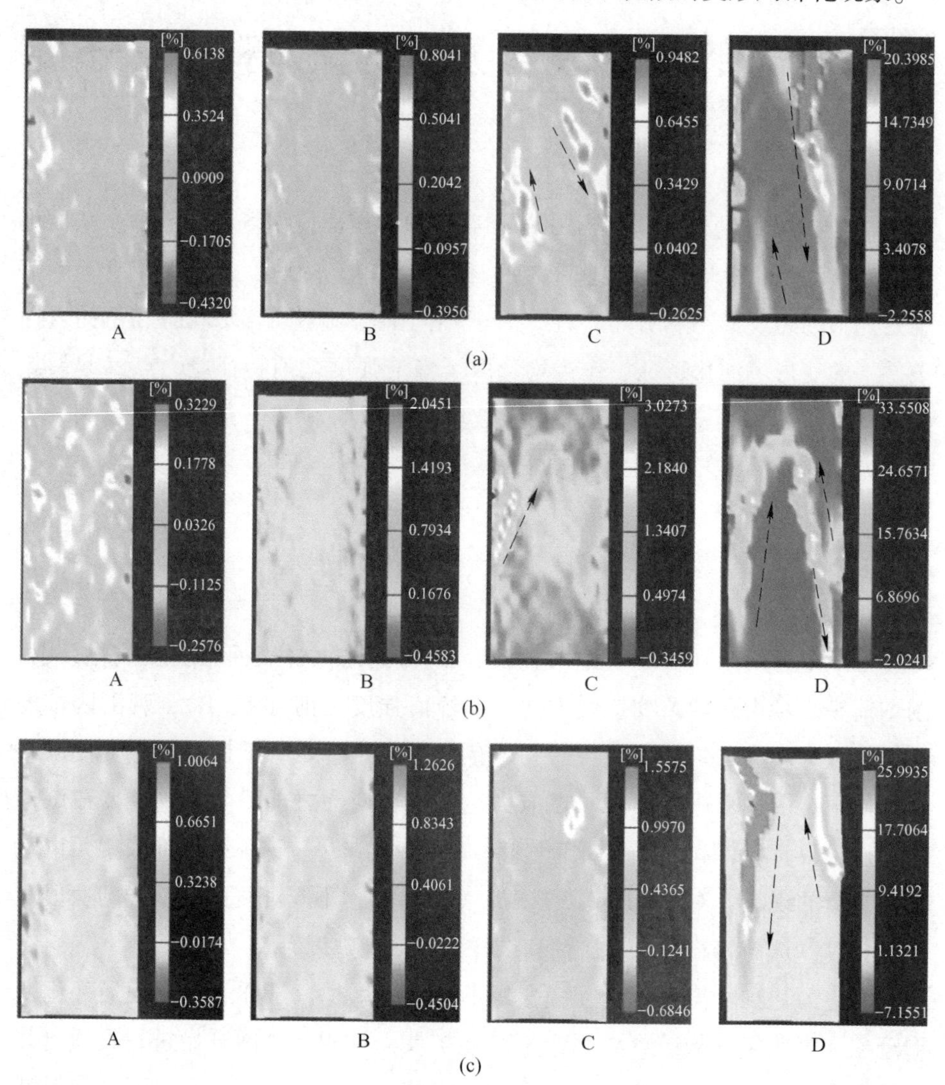

图 7.1　围压 0MPa 下江持安山岩表面应变场演化

(a) L1；(b) L2；(c) L3

当应力超过峰值强度到达破坏后区时，试样发生破坏，宏观破裂产生，应变大幅增加。L1 观测区域内形成了一条近似平行于轴向应力的张拉裂纹，从试样上部一直贯穿到下部，虽然在 C 点处形成了三处变形局部化区域，但随着应力的增加，裂纹的扩展速率不同，最终扩展速率高的裂纹形成宏观主破裂面。此外，除了主破裂面之外，在试样右下方还存在未贯通的次生张拉裂纹，且逐渐向试样上方扩展。L2 区域两处变形局部化区域应变值进一步增加，裂纹开裂幅度增大，右侧裂纹向上下两个方向进行扩展，左侧裂纹向上方继续扩展，且与右侧裂纹互相贯通形成宏观破裂面，表现为一定程度的剪切破坏。L3 区域出现一条与轴向应力近似平行的张拉裂纹，裂纹从试样上部向下部扩展，此外在试样右上方还存在一条剪切裂纹，由试样侧面逐渐向端面扩展，与该区域的张拉裂纹扩展方向相反。

图 7.2 为围压 3MPa 时由 L1、L2、L3 得到的试样表面主应变演化云图。在峰值强度之前（A、B），观测区域内试样表现为较为均匀的变形，云图颜色较为一致，与围压 0MPa 时应变场演化规律类似。当应力达到峰值强度（C）时，L1 区域（如图 7.2(a)所示）内形成了轻微的应变集中现象，局部化变形区域与轴向应力方向呈现一定的夹角并沿试样右上方到左下方分布，表明试样可能沿该区域发生剪切破坏；L2 区域（如图 7.2(b)所示）内变形依旧较为均匀，未出现明显的应变集中和变形局部化现象；L3 区域内（如图 7.2(c)所示）也出现了变形局部化现象，与轴向应力方向呈现一定夹角，因变形局部化区域的应变值分布较为均匀，因此无法判断裂纹扩展方向。

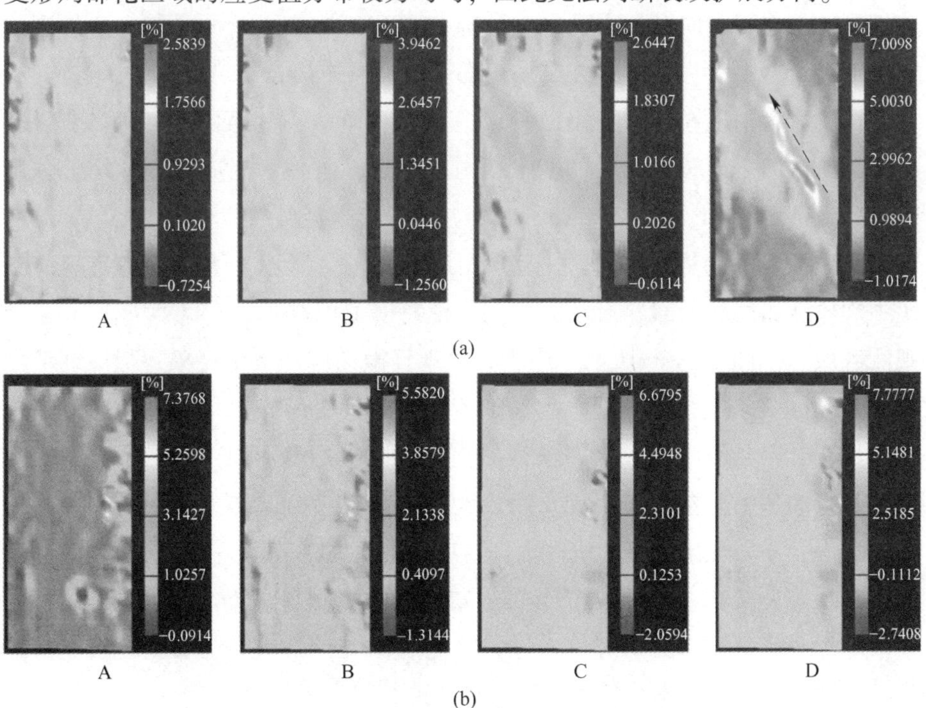

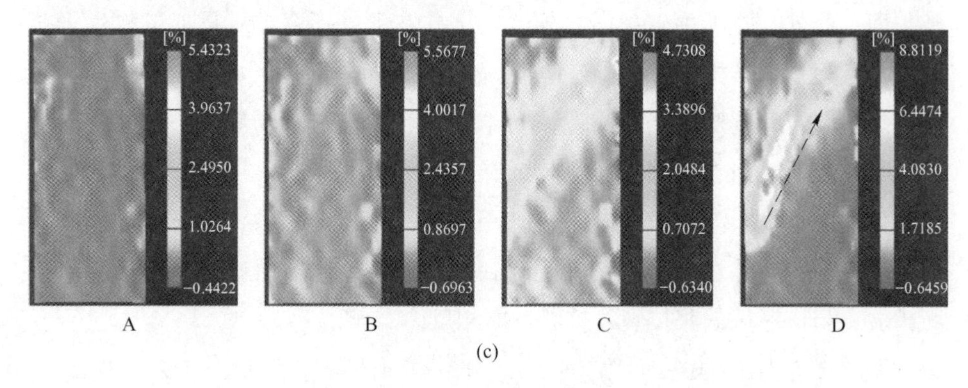

(c)

图 7.2　围压 3MPa 下江持安山岩表面应变场演化

(a) L1；(b) L2；(c) L3

当应力达到破坏后区时，变形局部化区域内应变集中现象加剧，应变值增加。L1 区域内形成明显的局部化变形带，表明宏观剪切裂纹的形成，其中局部化变形带内中下部应变值较大，表明此处剪切裂纹开度较大，剪切裂纹由右下方向左上方扩展贯通；而在 L2 观测区域内变形依旧较为均匀，没有明显的宏观裂纹产生，但应变值依旧有所增加；L3 区域也形成了明显的局部化变形带，局部化变形带左下方处应变值较大，表明此处剪切裂纹开度较大，剪切裂纹由左下方向右上方贯通。结合 L1 和 L3 应变场云图可知，剪切裂纹穿过 L1 和 L3 观测区域，且在试样内部形成贯通连接。

图 7.3 为围压 6MPa 时由 L1、L2、L3 得到的试样表面主应变演化云图。峰前区域依旧表现较为均匀的变形，与上述规律类似。当应力到达峰值强度时，L1 观测区域（如图 7.3(a)所示）左上方出现轻微的应变集中现象，并有向右下方扩展的趋势；L2 观测区域（如图 7.3(b)所示）上方同样出现应变集中现象，而试样下部变形较为均匀，没有明显的变形局部化区域形成；L3 观测区域（如图 7.3(c)所示）中下方出现轻微的应变集中现象，但应变值相比于 L1 和 L2 来说小。当应力达到破坏后区时，变形局部化区域内应变集中现象加剧，应变值增加。L1 观测区域出现了明显的变形局部化带，表明宏观剪切裂纹的产生，左上方裂纹开度较大，表明裂纹由试样上端面左侧向右侧下方扩展，并表现出较好的线性形态。L2 观测区域应变集中现象进一步加剧，但没有形成类似 L1 的变形局部化带；L3 观测区域裂纹分布较为复杂，在试样中下部形成多条局部剪切裂纹，且裂纹之间相交，但未形成明显的宏观贯通裂纹，这可能与试样本身的微裂隙分布有关。

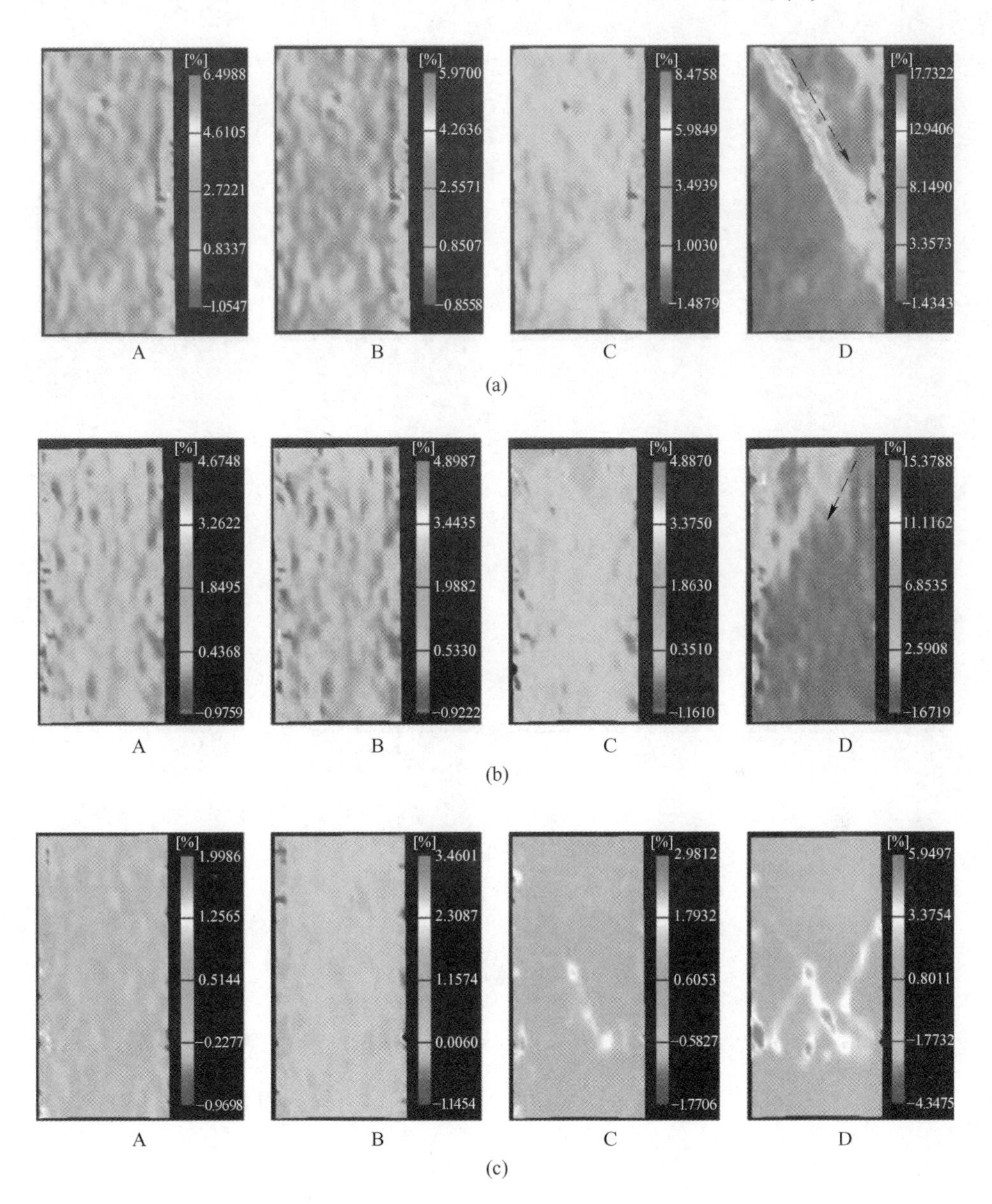

图 7.3 围压 6MPa 下江持安山岩表面应变场演化

（a）L1；（b）L2；（c）L3

图 7.4 为围压 9MPa 时由 L1、L2、L3 得到的试样表面主应变演化云图。峰前区域依旧表现较为均匀的变形，与上述规律类似。当应力达到峰值强度时，在 L1 观测区域左侧中部到右下角形成应变集中现象，而观测区域上方变形较为均匀；L2 观测区域右上部边缘处出现轻微的应变集中，并有向上方扩

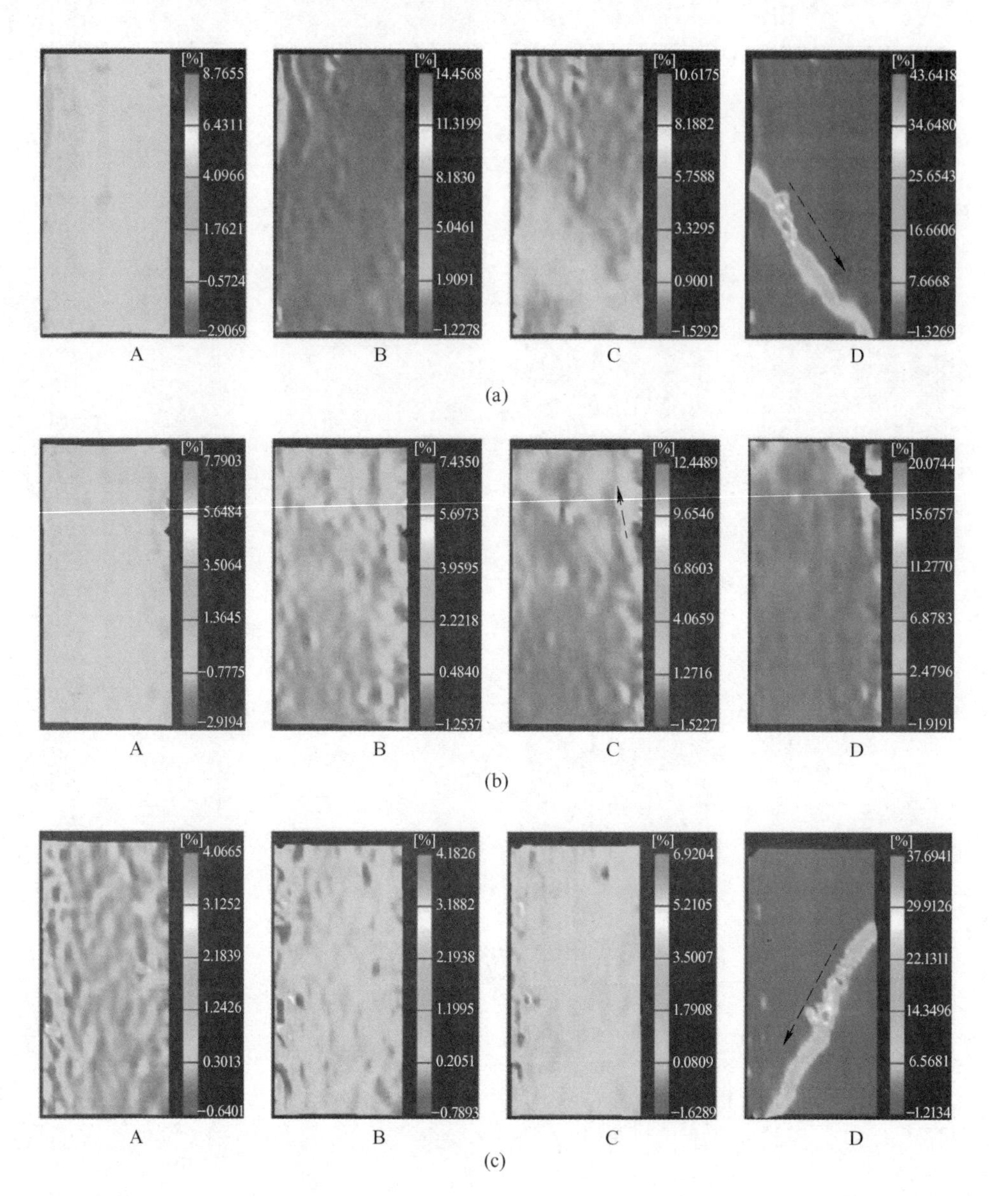

图 7.4　围压 9MPa 下江持安山岩表面应变场演化

（a）L1；（b）L2；（c）L3

展的趋势；L3 观测区域整体变形较为均匀。当应力达到破坏后区时，宏观破裂面产生。L1 观测区域形成自左侧中部向右下角方向的宏观贯通剪切裂纹，裂纹位置与峰值强度时应变集中区域相对应；L2 观测区域在右上角处形成宏观裂纹，观测区域只覆盖到宏观裂纹的一小部分，因试样破坏后该区域出现反光，无法对散斑进行匹配，因此云图出现缺失；L3 观测区域形成自右侧中部向低断面左侧方向的宏观贯通剪切裂纹。

图 7.5 为不同围压条件下试样表面主应变场三维组合云图，该图也反映了不同围压条件下试样表面裂纹空间分布形态。围压 0MPa（单轴压缩试验）下三组相机基本可以覆盖圆柱试样侧面，如图 7.5(a)所示，可以看出试样呈现张拉-剪切复合破坏模式，其中张拉裂纹为破坏主控裂纹；整体来说，围压存在的条件下试样的破坏模式基本类似（如图 7.5(b)～(d)所示），均以剪切破坏为主，其应变值的增加主要是破裂面两侧摩擦作用造成的，并伴随有未贯通的其他微裂纹。

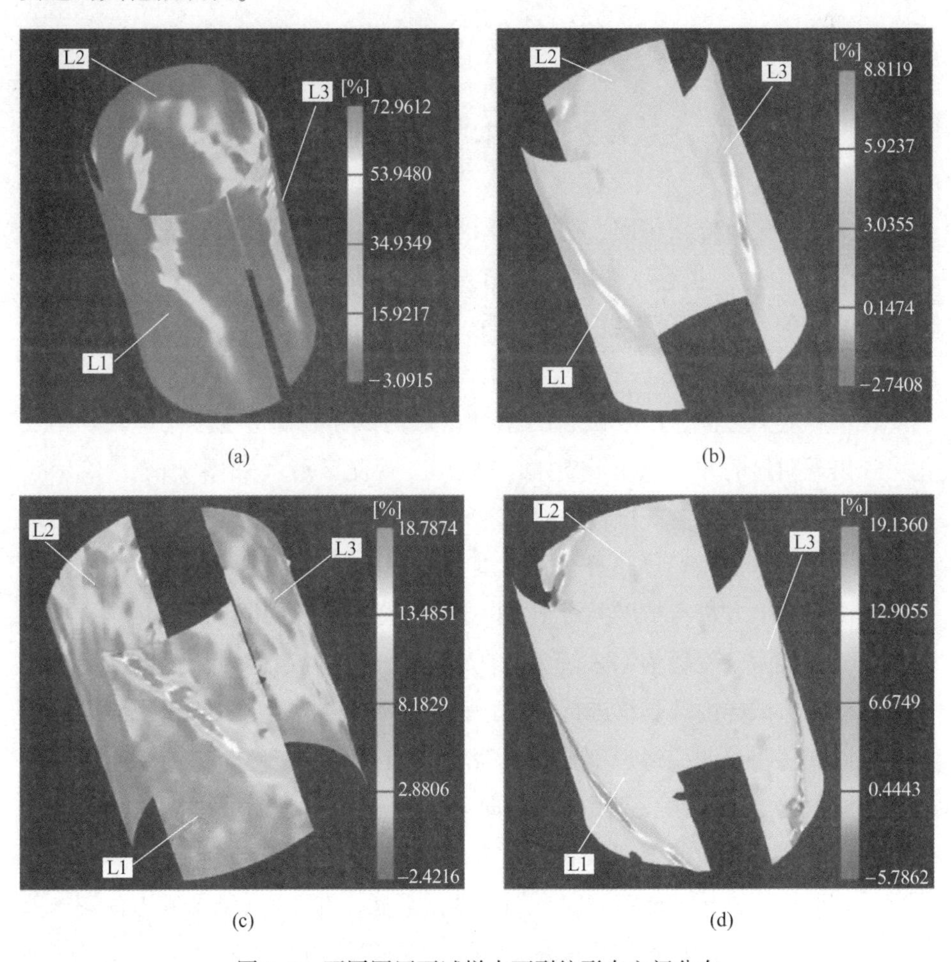

图 7.5 不同围压下试样表面裂纹形态空间分布

（a）0MPa；（b）3MPa；（c）6MPa；（d）9MPa

由于压力室紧固螺栓和图像边缘的裁剪影响，每组相机之间存在一定观测盲区，但并不影响裂纹扩展过程的观察。将数字图像相关技术与可视化三轴压力室结合，通过视频或图像回放，能够直观地观测到变形局部化和裂纹演化扩展过程。

结合上文的分析可知，变形局部化现象是裂纹产生的前兆，但并不是每个应变局部化区域都会形成最后的宏观裂纹，这与裂纹的扩展速率有密切关系。扩展速率高的区域，即使出现变形局部化现象晚，也有可能超过最先出现变形局部化的区域。此外可以发现，在试样破坏后区，变形局部化带的宽度随着围压的增加而逐渐降低，表明围压对变形局部化带的压密作用越明显。El Bied 和 Bésuelle 等[159,160]通过微观结构的观测也发现了类似的规律。

7.2 含水状态影响

与7.1节分析方法相同，选取不同含水状态下荻野凝灰岩特征应力阈值处（起裂点（A）、扩容点（B）、峰值点（C）和破坏后区某点（D））应变场进行非均匀性变形和裂纹扩展说明。干燥状态试样表面应变场如图7.6所示。

在扩容应力之前，L1、L2、L3观测区域的试样表面应变场均呈较均匀变化，未出现明显的非均匀变形现象。对于L1观测区域（如图7.6(a)所示），当应力达到峰值强度时，试样表面出现轻微的应变集中现象；对于L2观测区域（如图7.6(b)所示），试样表面应变集中现象较为明显，并沿箭头所示方向在观测区域上方进行扩展；对于L3观测区域（如图7.6(c)所示），试样应变增加，但表面应变场依旧表现为较为均匀的变化。当应力从峰值强度达到破坏后区时，试样内部裂纹进行贯通，表面宏观裂纹产生。在L1观测区域内上部可以观察明显的变形局部化带，表明该处存在从左侧向右侧方向贯通的剪切裂纹，此外还存在一条呈相反方向演化的未贯通的剪切裂纹；在L2观测区域内存在两条明显的剪切裂纹，上方剪切裂纹从试样右侧向上端面进行扩展，下方剪切裂纹从试样右侧向下端面进行扩展；在L3观测区域内存在一条变形局部化带，局部化带内应变值较大，剪切裂纹沿箭头所示从试样右侧向左上角进行贯通。整体来看，干燥状态下荻野凝灰岩的破坏模式较为复杂，除了试样破坏的主控裂纹外，还存在未贯通的剪切裂纹。

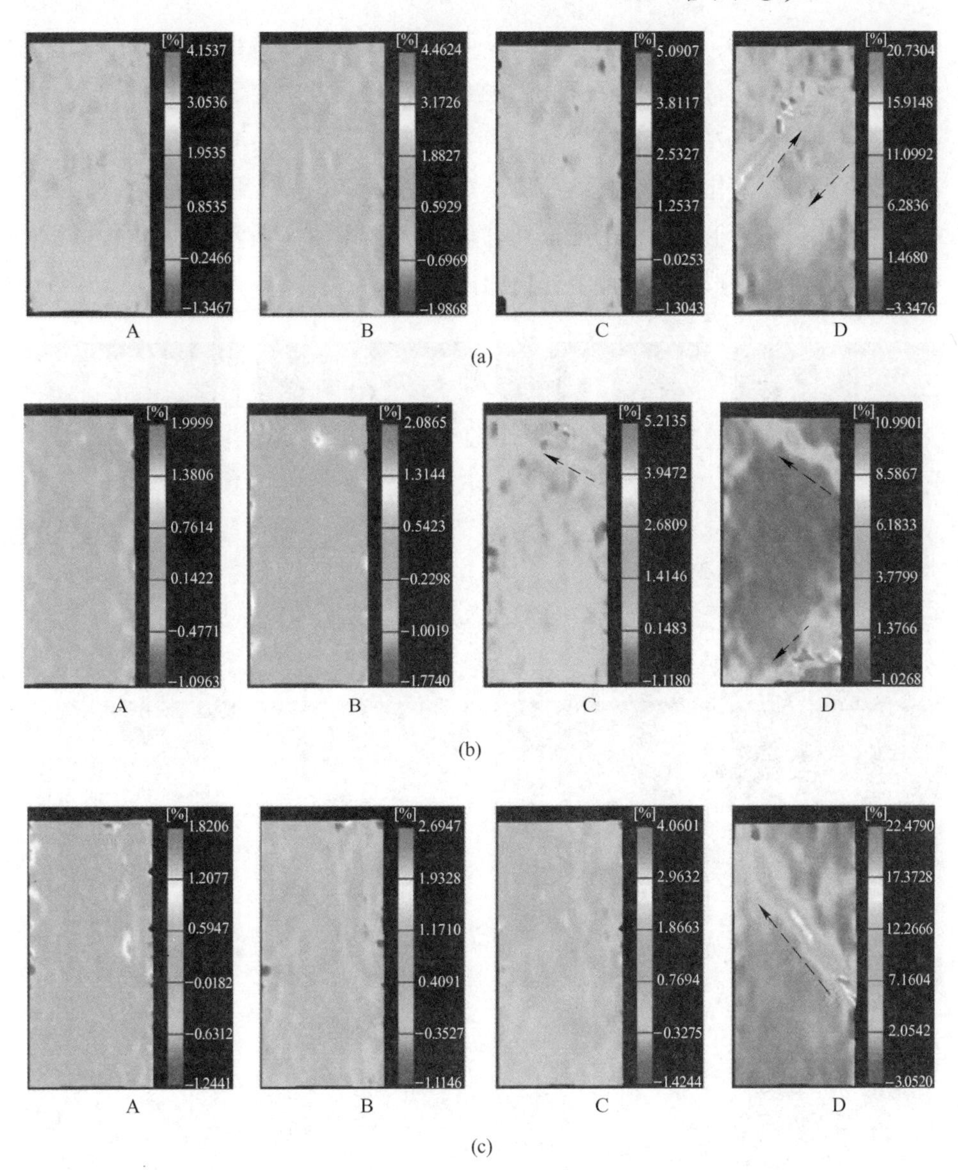

图 7.6　干燥状态下荻野凝灰岩表面应变场演化过程

（a）L1；（b）L2；（c）L3

图 7.7 为自然风干状态下由 L1、L2、L3 得到的试样表面应变场演化云图，图中箭头表示裂纹大致的扩展方向。从图中可以看出，在应力达到峰值强度之前，L1、L2、L3 观测区域内试样表面应变场整体较为均匀，只有 L3 观测区域在峰值强度时出现轻微的应变集中现象。当应力达到破坏后区时，

应变集中现象加剧，应变局部化区域产生。在 L1 观测区域出现两条扩展方向相反的变形局部化带，其中一条由观测区域右侧上方向左下方进行扩展，另外一条由观测区域左下角向右上方进行扩展，两者之间逐渐进行贯通，裂纹也沿该路径进行演化贯通，最终形成宏观剪切裂纹；L2 观测区域存在两处应变集中区域，但未形成明显的变形局部化带；L3 观测区域内应变集中区域继续演化，最终也未形成明显的变形局部化带。

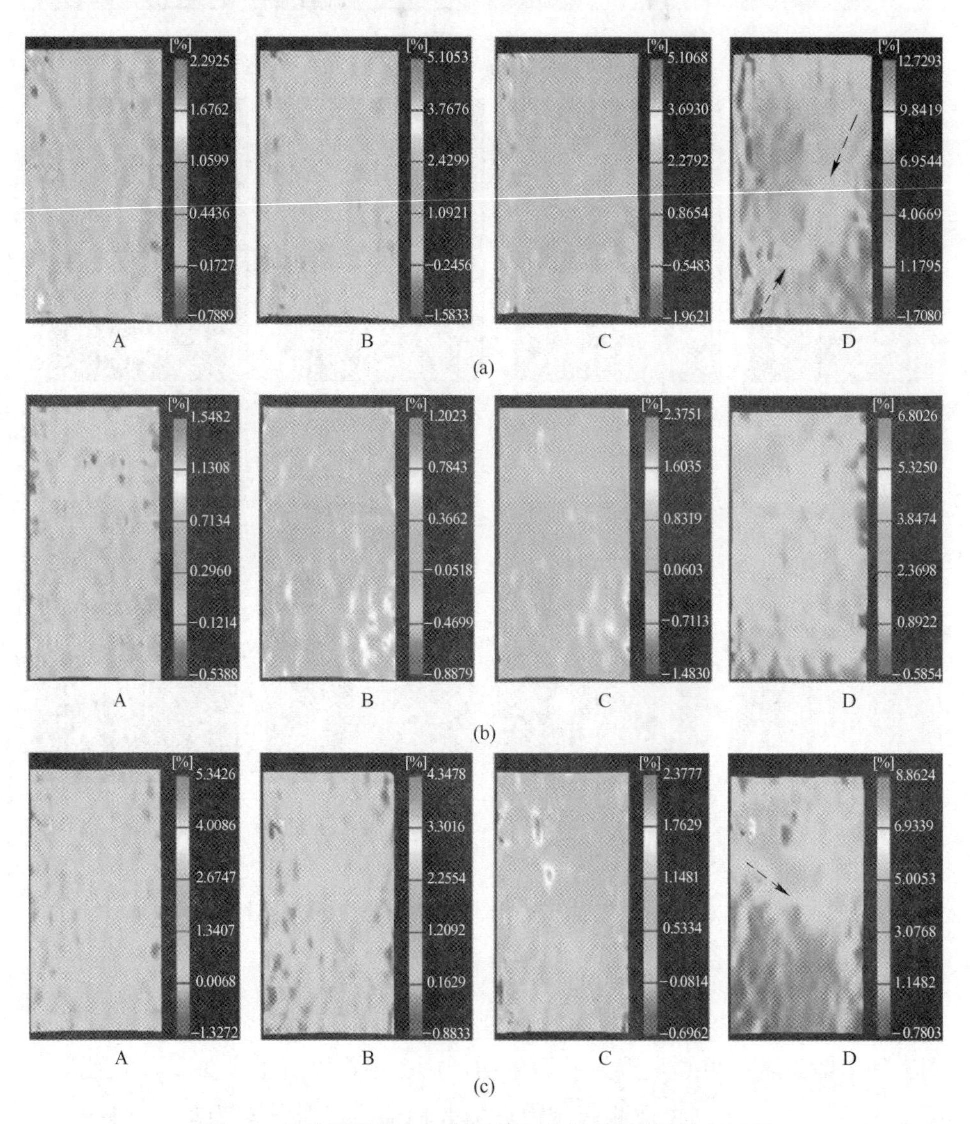

图 7.7　自然风干状态下获野凝灰岩表面应变场演化过程

(a) L1；(b) L2；(c) L3

图 7.8 所示为饱水状态下试样表面应变场演化云图。L1 观测区域在峰值强度之前整体变形较为均匀，试样以恒定的应变速率被压缩，没有产生明显的变形局部化带；当应力达到峰值强度时，试样表面出现了轻微的应变集中，并沿箭头所示方向进行扩展；当应力达到破坏后区时，表面变形局部化带已经形成，表明宏观剪切带已经形成。L2 观测区域也在峰值强度处出现应变集中现象，到达破坏后区后形成变形局部化带，并沿箭头所示方向进行扩展。L3

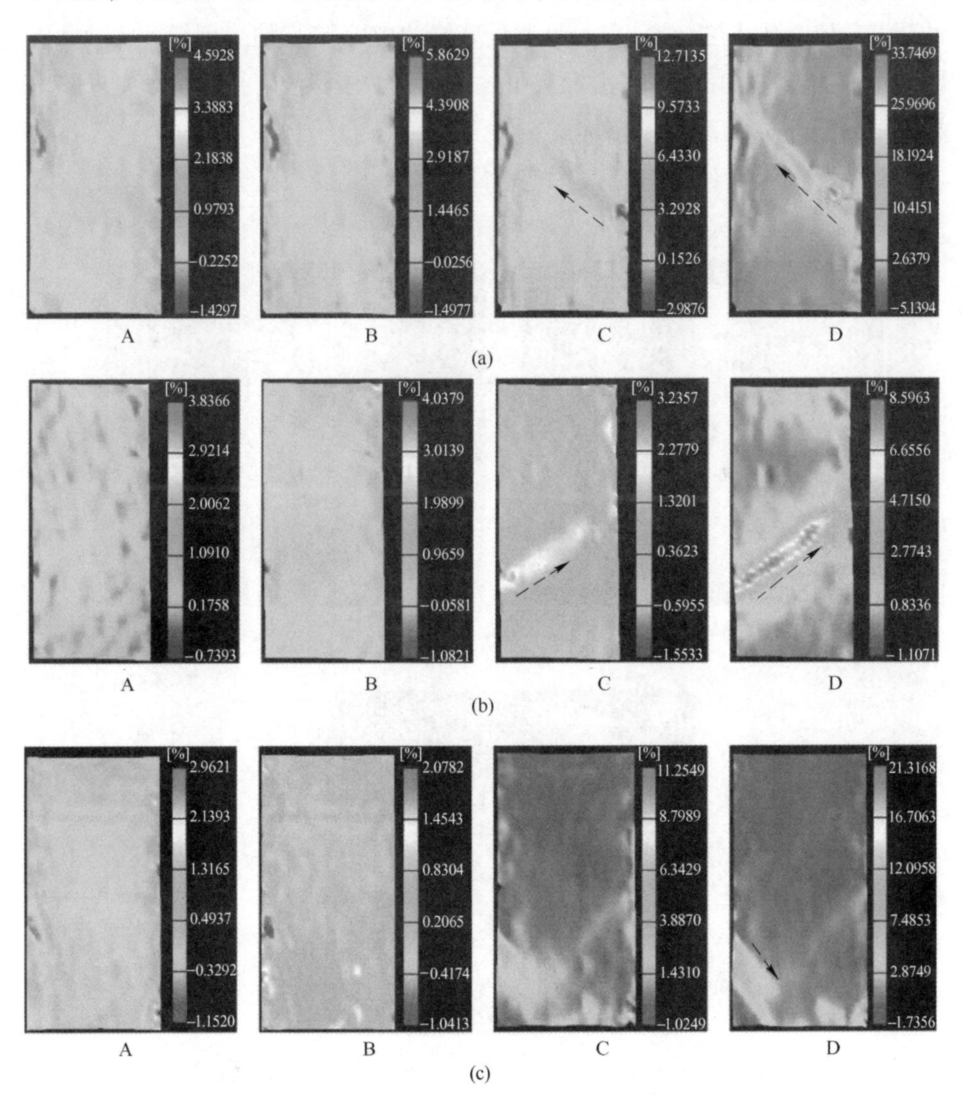

图 7.8 饱水状态下荻野凝灰岩表面应变场演化过程

（a）L1；（b）L2；（c）L3

观测区域左下角观察到变形局部化现象，但只覆盖到一小部分。

虽然荻野凝灰岩在 9MPa 围压条件下也表现为剪切破坏形式，但此处需注意的是，荻野凝灰岩的剪切破坏与江持安山岩不同，江持安山岩表现为脆性破坏，宏观裂纹明显，破坏的试样在破裂面表现出明显的摩擦；而荻野凝灰岩虽然也形成了剪切带，但通过试验过程的视频回放发现，荻野凝灰岩的剪切带处宏观裂纹不明显，或者说不存在类似江持山岩的宏观裂纹，破坏试样的两部分依旧黏结在一起。结合荻野凝灰岩的应力-应变曲线可知，此时发生的为塑性变形。破坏后区应力没有明显的降低，体积应变持续增加，表明试样在轴向荷载的作用下持续膨胀。

图 7.9 所示为不同含水状态下荻野凝灰岩试样表面主应变场三维组合云图，该图同时反映了试样表面宏观裂纹形态空间分布。结合前文分析可知，

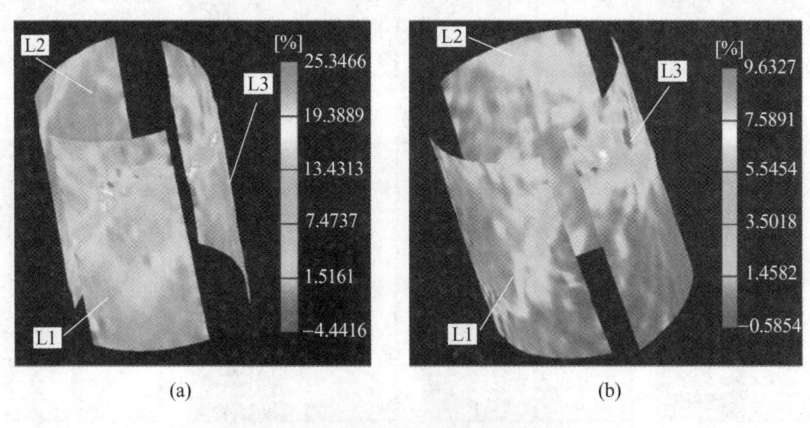

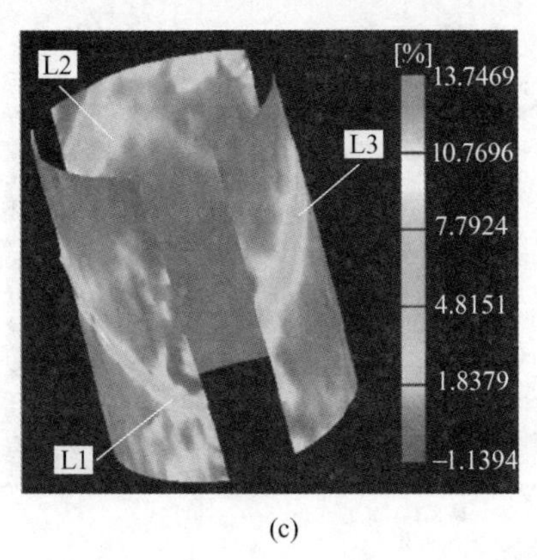

图 7.9 不同含水状态下试样表面裂纹形态空间分布

（a）干燥；（b）自然风干；（c）饱水

在围压 9MPa 条件下不同含水状态下的荻野凝灰岩试样均发生单斜面剪切破坏形式。对比不同含水状态下试样表面应变场的演化形态可知，不论含水状态如何，在应力达到扩容应力之前，试样表面应变场均表现出较为均匀的演化规律，未出现非常明显的变形局部化区域，表明在扩容应力之前，试样内部裂纹呈稳定扩展。当应力接近峰值强度时，试样表现出非均匀变形现象，相比于干燥和自然风干岩石来说，饱水岩石试样表面较早地出现明显的变形局部化带，这可能是由于饱水岩石内部孔隙水压的存在促进了裂纹的萌生扩展速率和非均匀变形快速增加所导致。应力达到破坏后区时，试样发生剪切破坏，相对来说干燥试样的破坏模式较为复杂，而饱水岩石剪切带形态较为规则。

7.3 不同岩性对比

江持安山岩和荻野凝灰岩应变场演化云图在 7.1 节和 7.2 节已经分别给出。因此本节对井口砂岩、原煤和田下凝灰岩的应变场演化和裂纹扩展特征进行分析。

与 7.1 节和 7.2 节类似，图 7.10 为 L1、L2、L3 观测到的围压 9MPa 条件下井口砂岩特征应力阈值处（起裂点（A）、扩容点（B）、峰值点（C）和破坏后区某点（D））的试样表面主应变场云图。

加载初期，轴向应力达到起裂点（A）之前，由于岩石内部原生裂隙的压密闭合，L1、L2、L3 观测到的试样表面应变场表现为随机分布特征；当应力达到扩容点（B）时，试样表面的应变差值有所减小，变形趋于均匀；当应力达到峰值点（C）时，L1 观测区域内变形场出现明显的分区现象，试样上部应变值逐渐趋于一致，L2 观测区域内整体上保持较为均匀的变形，而 L2 观测区域内出现明显的应变集中现象。相关研究表明[161~163]，脆性岩石在达到峰值强度之前，试样内部微裂纹已经开始进行扩展，表现为声发射信号的增加，但由于微裂纹在试样内部进行扩展且尚未进行足够程度的贯通和 DIC 技术测量精度的限制，反映在试样表面仅仅是非均匀变形的产生，但并不足以形成明显的变形局部化带。

当应力达到试样峰值强度后，井口砂岩发生明显的脆性破坏，应力突然降低，进入峰后残余变形阶段，试样宏观剪切破裂面形成，试样表面应变场

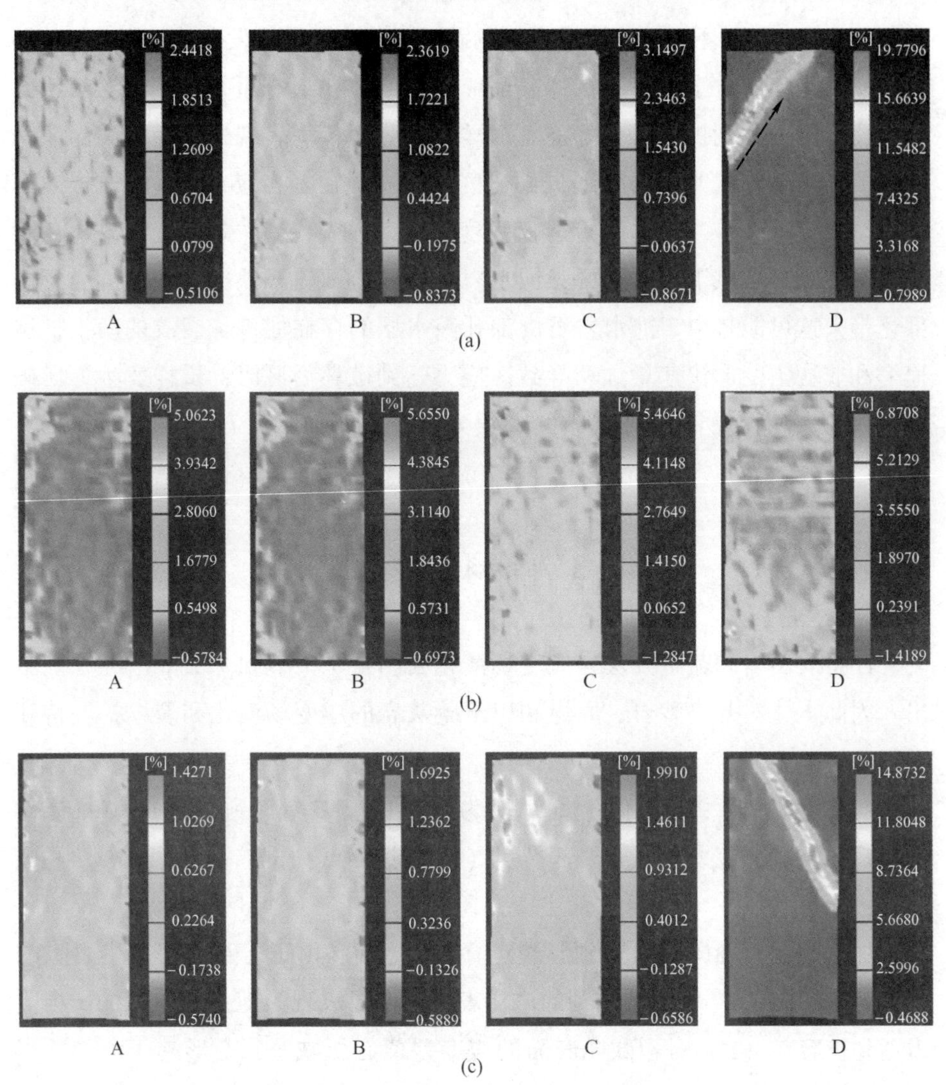

图 7.10　井口砂岩不同应力水平下表面应变场云图

（a）L1；（b）L2；（c）L3

出现明显的变形局部化带。对于 L1 观测区域，局部化带由左侧中上部向右上方端面进行扩展，如图 7.10(a)中箭头所示；对于 L2 观测区域，变形局部化带位于观测面底部，且近似成水平分布，这是由于相机角度的不同导致 L2 观测到的是剪切破裂面底部，如图 7.10(b)所示；对于 L3 观测区域，局部化带由右侧中部向左上方端面进行扩展，如图 7.10(c)所示。在宏观剪切破裂面形成以后，试样表面变形特征基本稳定，局部化带不再向其他区域进行扩展，随着试样在破坏后发生持续的剪切摩擦，局部化带内应变持续增加直至试验结束。

图 7.11 所示为原煤试样表面应变场演化云图。原煤试样本身含有较多的

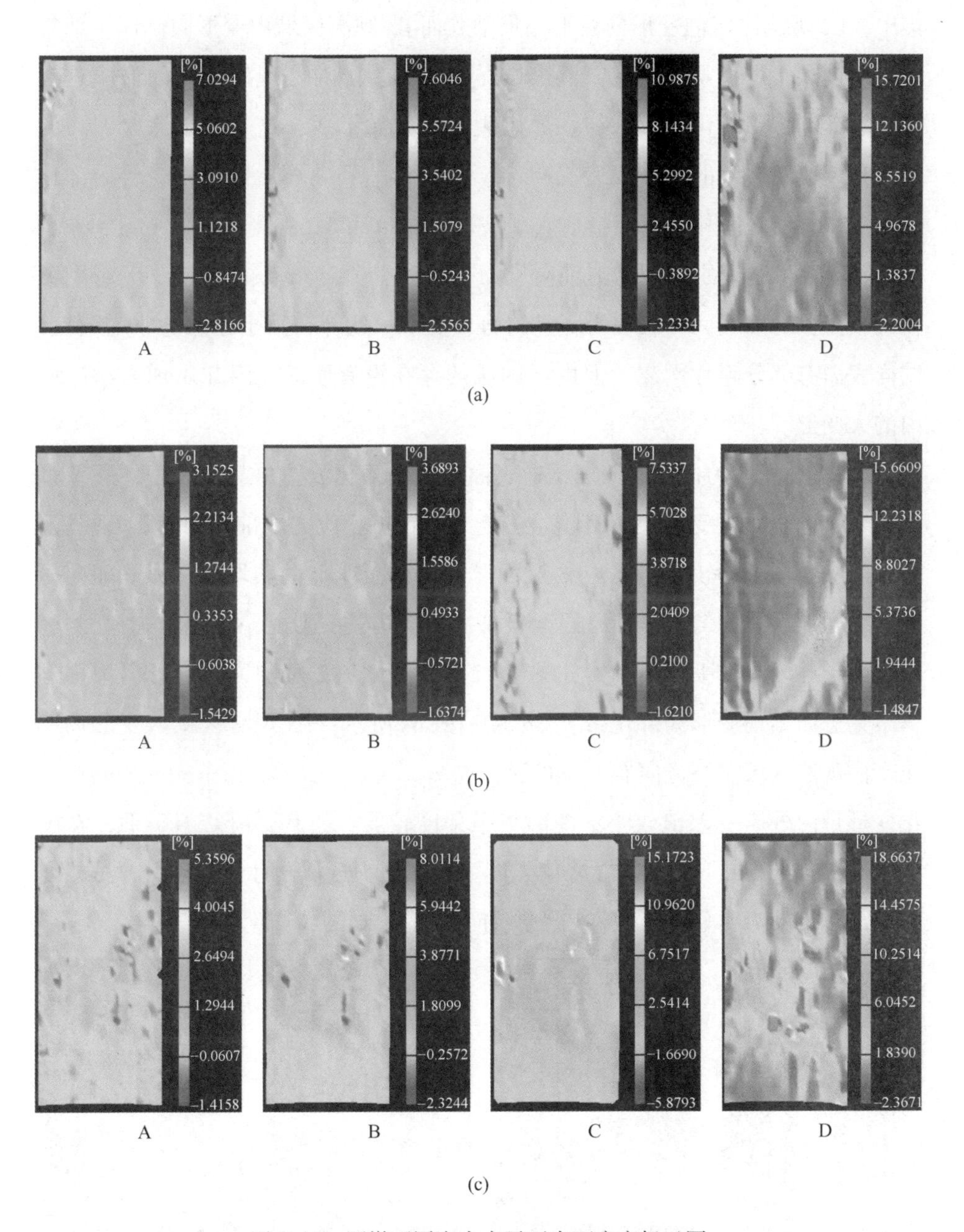

图 7.11 原煤不同应力水平下表面应变场云图

（a）L1；（b）L2；（c）L3

原始孔隙裂隙，在试验之前施加围压时，这些裂隙被压密闭合，因此在应力达到扩容应力之前，由 L1、L2 和 L3 得到的试样表面应变场分布较为均匀。当应力达到峰值强度时，非均匀变形开始产生。L1 观测区域内变形向左上方集中，L2 观测区域内变形向右下方集中，而 L3 观测区域内变形向试样中部集中。通过试验过程观察发现，原煤试样的原始裂隙对宏观破裂面的形成具有很大的影响，局部化变形往往在原始裂隙处开始形成，这是由于原始裂隙的重新开裂比新裂纹的形成要容易得多。当应力达到破坏后区时，变形局部化带形成，裂纹之间相互贯通形成宏观破裂面。L1 和 L2 观测区域仅覆盖到破裂带的部分区域，分别表现为与轴向应力平行和呈一定角度扩展。L3 区域则覆盖到较完整的破裂面，表现为明显的剪切变形。此外，由于原煤的非均质性，试样表面有部分碎片剥离，但由于围压的存在没有脱落，因此表现为小区域内的大变形。

图 7.12 所示为田下凝灰岩试样表面应变场演化云图，与相同条件下荻野凝灰岩试样表面应变场较为相似。在应力达到扩容应力之前，L1、L2 观测区域内的应变场分布较为均匀，L3 观测区域出现了明显的非均匀变形。随应力的持续增加，非均匀变形现象逐渐显现，当应力达到破坏后区时，L1 观测区域内变形逐渐向右下方集中，如图 7.12(a)所示；L2 观测区域变形向中部进行聚集进而出现变形局部化带，如图 7.12(b)所示；L3 观测区域内变形局部化带由观测区域左下方向右上方扩展，如图 7.12(c)所示。田下凝灰岩的局部化变形带内外应变差值较小，变形集中程度较弱。与荻野凝灰岩类似，在围压 9MPa 条件下田下凝灰岩在峰值强度之后表现为近似塑性流动现象，虽然变形局部化带较为明显，但试样表面没有明显的宏观裂纹产生。

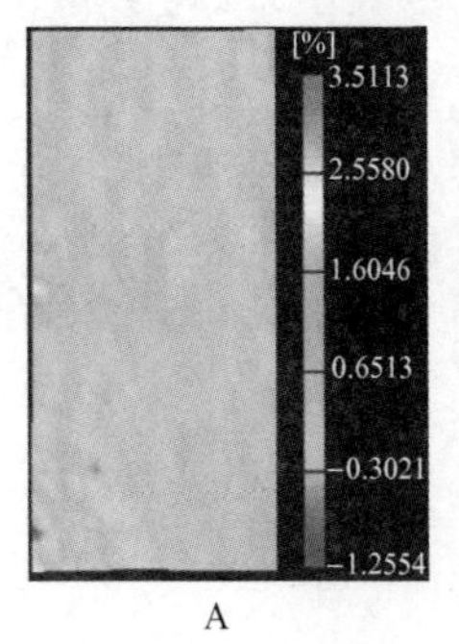

A

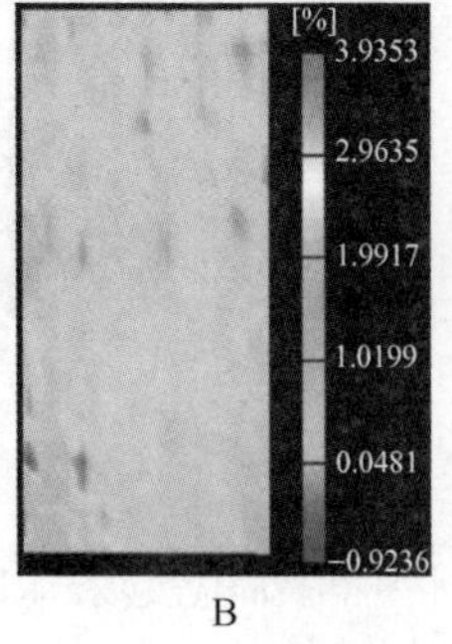

B

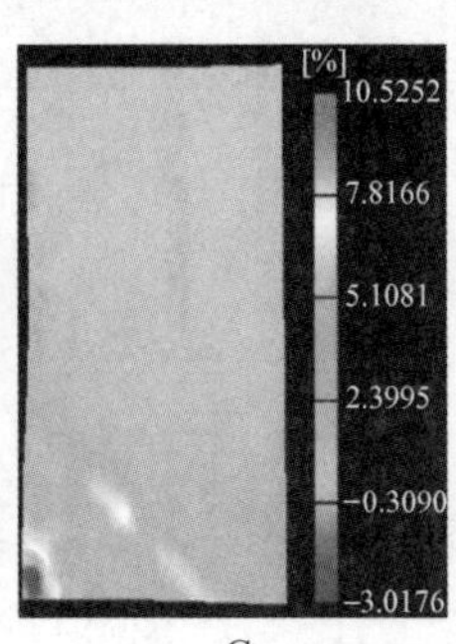

C

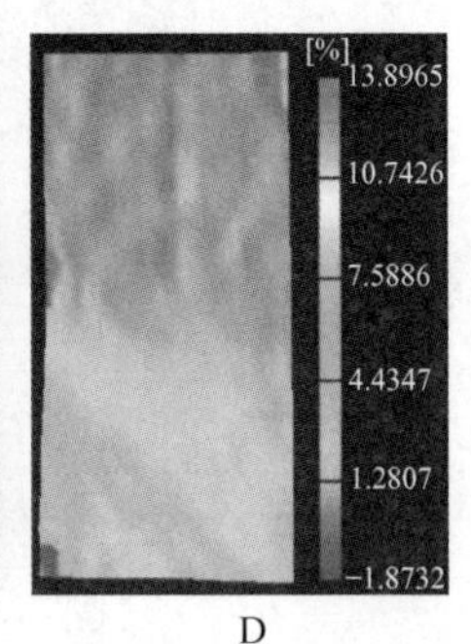

D

(a)

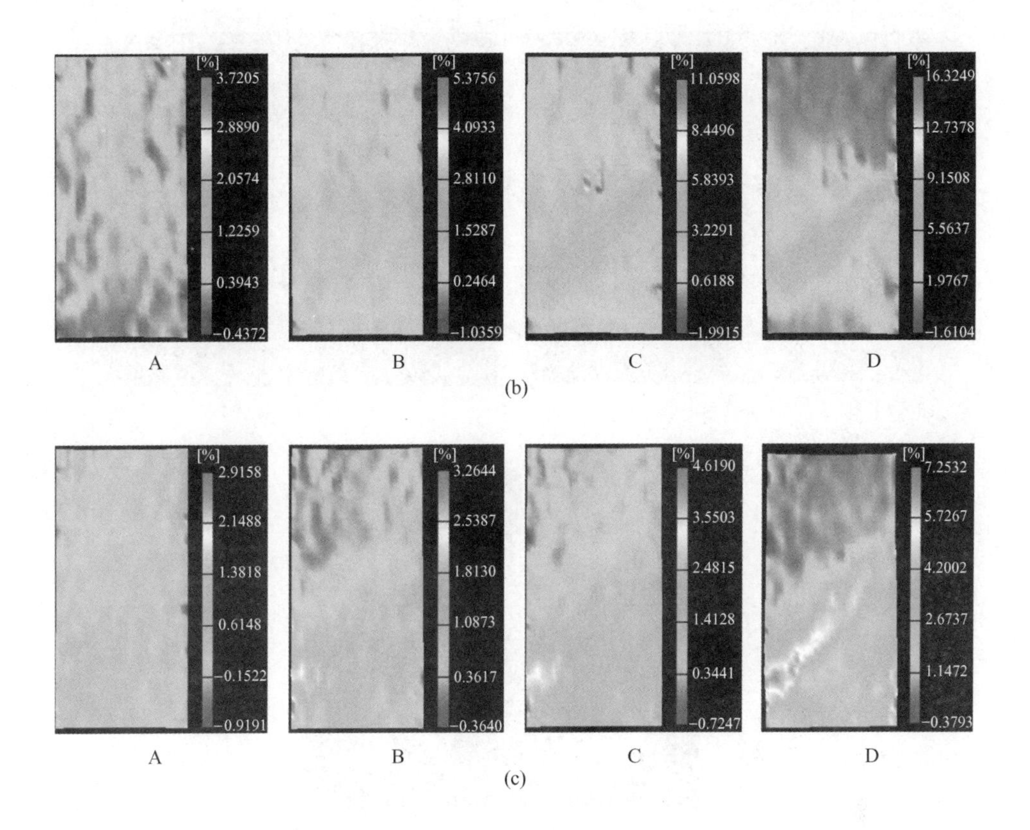

图 7.12 田下凝灰岩不同应力水平下表面应变场云图

(a) L1；(b) L2；(c) L3

图 7.13 所示为井口砂岩、原煤和田下凝灰岩试样表面应变场三维组合云图。结合江持安山岩和荻野凝灰岩应变场三维组合云图进行对比分析，可以发现在围压作用下 5 类岩石均表现为剪切破坏。不同之处在于，对于凝灰岩类的软岩来说，试样表面的应变集中现象较低，局部化变形带宽度较大，破坏后试样表面没有形成明显的宏观裂纹，取而代之的是高应力应变带，破坏试样表现为一定程度的塑性流动现象，膨胀变形现象较为明显；对于强度和脆性度较高的江持安山岩和井口砂岩来说，应变集中现象非常明显，局部化带的宽度较小，破坏后试样表面形成明显的宏观裂纹，试样表现为沿破裂面的剪切滑移，摩擦现象明显；对于含较多原始裂隙的煤岩来说，原始裂纹的存在对于局部化变形的影响较大，试样表面存在一定的碎片剥离现象。

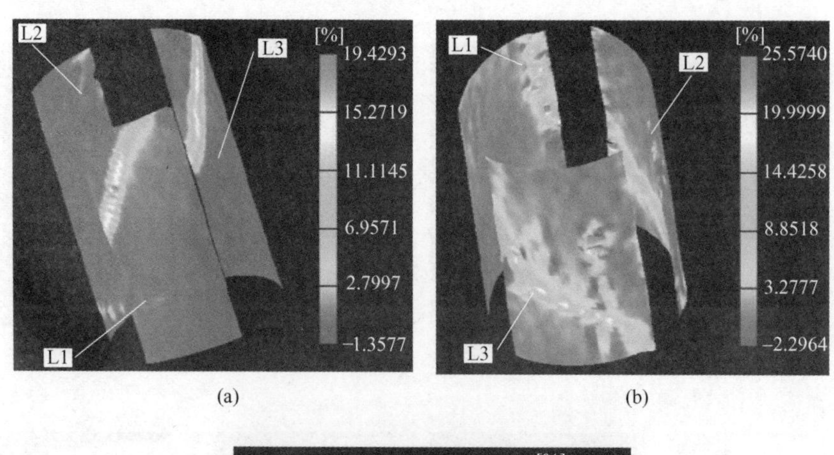

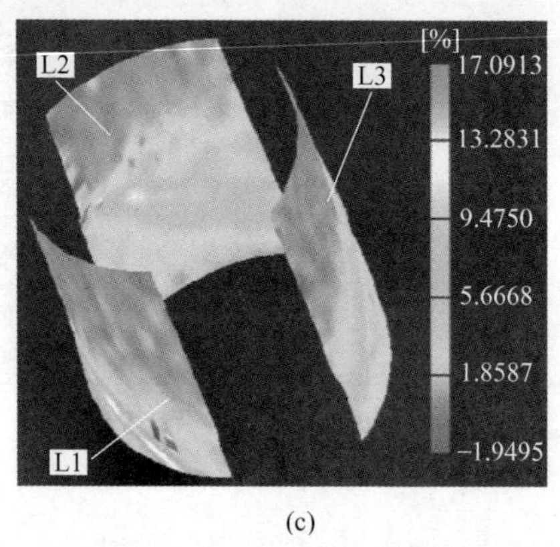

图 7.13　不同岩性试样表面裂纹形态空间分布

（a）井口砂岩；（b）原煤；（c）田下凝灰岩

8 局部化变形分析

变形局部化现象是指岩石在外部荷载作用下，变形由均匀向不均匀转化，发生剧烈的应变集中现象，当应变集中到一定程度后会形成变形窄带现象，从而导致岩石的破坏[164]。变形局部化现象在很多的材料中都可以观察到，例如金属、混凝土、复合材料等，是一种非常普遍的现象。在岩石工程中，岩体结构很少表现为全面的破坏和失稳，而是在某些区域出现局部破坏。变形局部化是岩石破裂失稳的前兆，了解岩石的变形局部化的演化过程对于岩石工程或采矿工程来说具有重要的工程意义。

8.1 不同围压条件

虽然通过试样表面的应变云图能够直观地观察到应变场演化和变形局部化的产生过程，但是无法直观地了解到围压对其的影响。因此，结合 3D-DIC 和虚拟应变片技术能够重复分析的优势，考虑在变形局部化带内外布置虚拟引伸计进行计算，可确定试样由均匀变形向非均匀变形转化的应力水平，分析围压对试样变形的影响。

图 8.1 所示为 L1 区域内的虚拟应变片布置方式，围压分别为 0MPa 和 3MPa，分别代表单轴压缩和三轴压缩。应变片 E1 沿试样轴向方向布置且长度近似等于分析区域高度；E2 和 E3 长度相等，沿轴向方向布置，并分别位于变形局部化带内外；E4 和 E5 长度相等，沿径向方向布置，并分别位于变形局部化带内外。围压 6MPa 和 9MPa 条件下虚拟应变片的布置方式与围压 3MPa 下的类似，均沿轴向和径向方向在变形局部化带内外布置。

图 8.2 和图 8.3 分别为不同虚拟引伸计获取的主应力差-轴向应变和主应力差-径向应变曲线。特别的，在图 8.2(a)中，L2-E1 是布置在 L2 观测区域内的虚拟引伸计，与 E1 在 L1 区域内的位置一样，均沿试样轴向方向布置。图 8.2(a)表明在不同的观测区域内，应力-应变曲线在峰后阶段表现出明显的

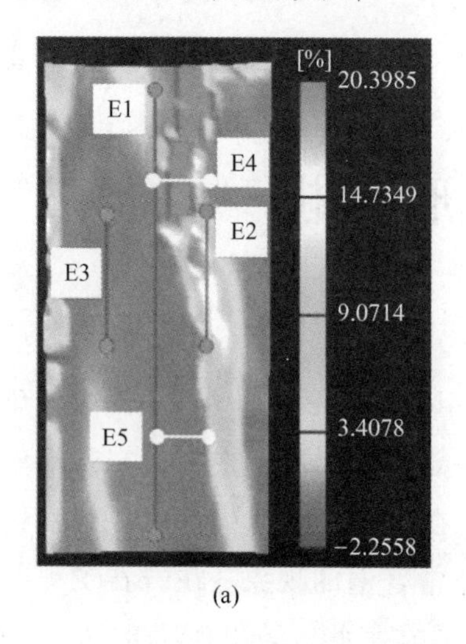

(a)

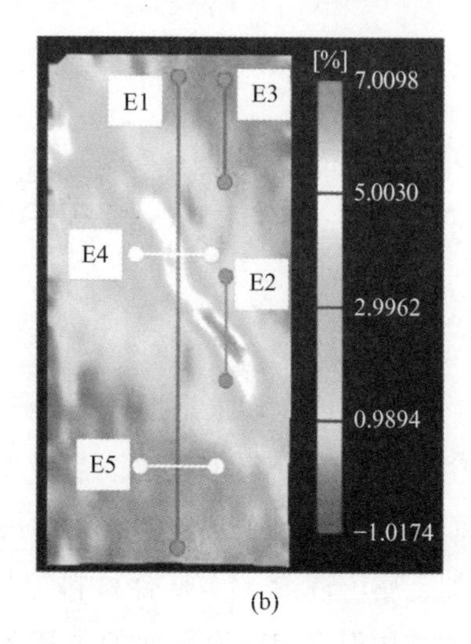

(b)

图 8.1　L1 观测区域内虚拟应变片布置方式

（a）单轴压缩；（b）三轴压缩

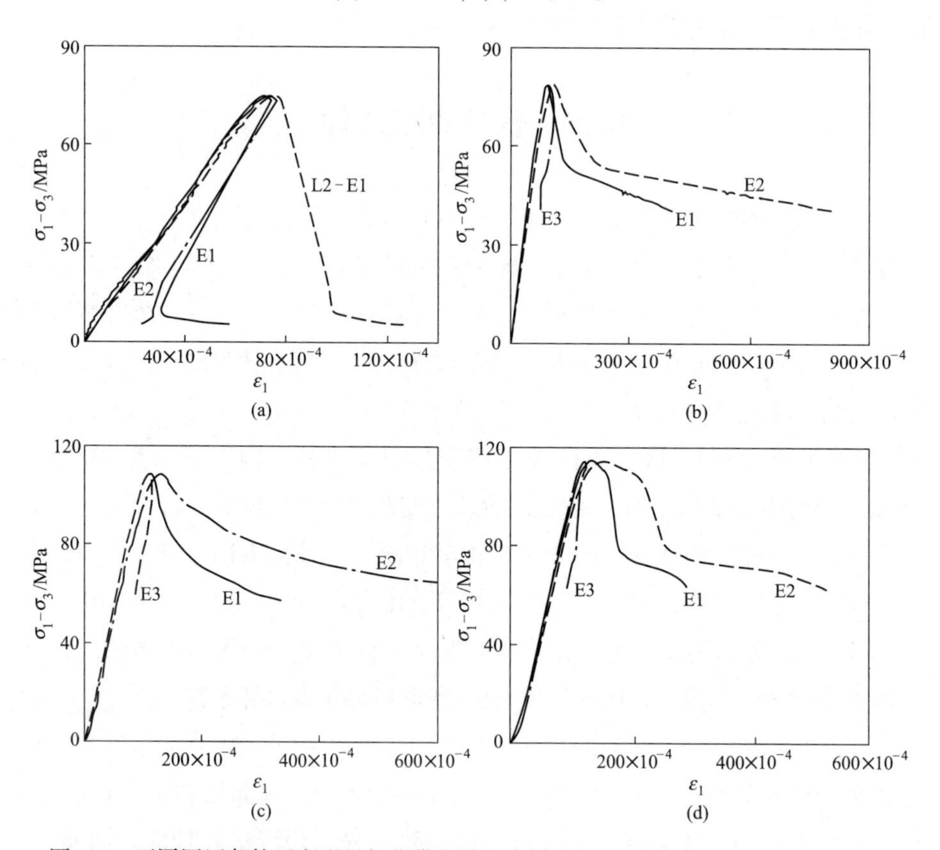

图 8.2　不同围压条件下变形局部化带内外主应力差-轴向应变曲线（E1～E3）对比

（a）0MPa；（b）3MPa；（c）6MPa；（d）9MPa

不同。如果在 L1、L2、L3 观测区域内均按照图 8.1 所示的方式布置虚拟引伸计，虽然可以更全面地了解试样的变形破坏特征，但试验曲线的对比分析会非常困难，因此本节作者仅选取了 L1 区域内的应力-应变特征进行分析。

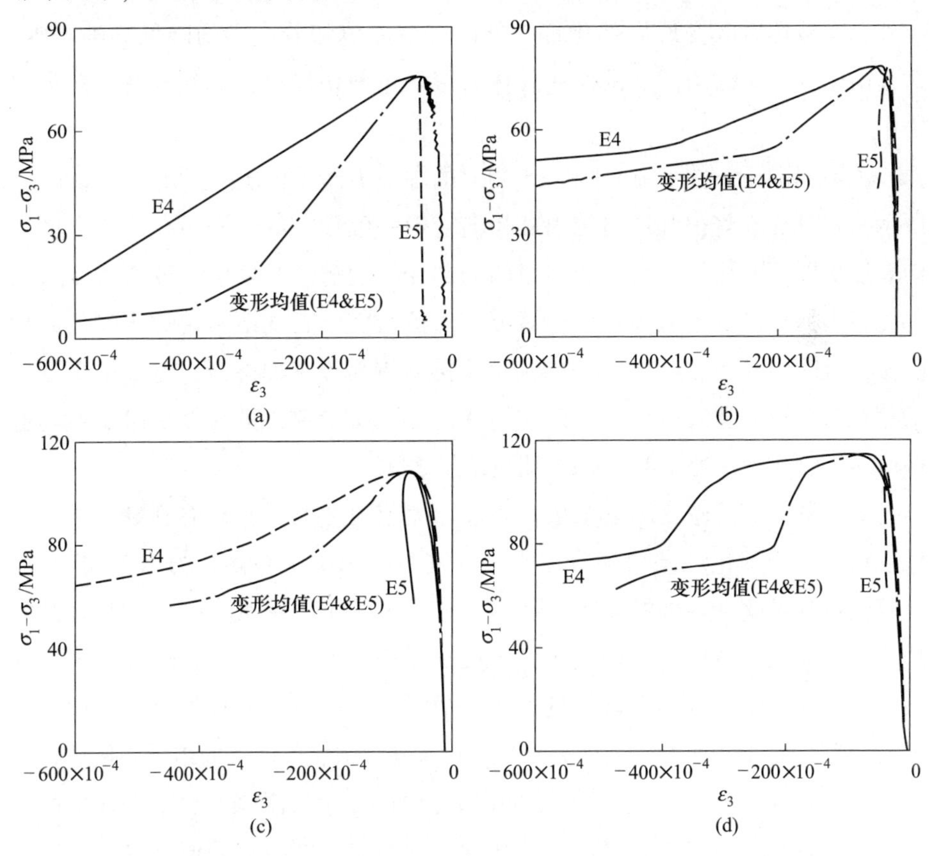

图 8.3 不同围压条件下变形局部化带内外主应力差-径向应变曲线（E4 和 E5）对比

（a）0MPa；（b）3MPa；（c）6MPa；（d）9MPa

从图 8.2 和图 8.3 可知，不同围压条件下的主应力差-轴向应变和主应力差-径向应变曲线在峰值强度之前均表现出较好的一致性，表明试样在峰值强度之前并没有明显的宏观裂纹产生，这一点从试样表面应变场云图中也可以得到验证。Munoz 等[87, 90]进行的单轴压缩试验也得到了相同的结论。

在峰值强度之后，即破坏后区，应力-应变曲线出现了较大的差异。在单轴压缩条件下试样发生张拉破坏，裂纹沿近似平行于轴向应力的方向进行扩展，曲线 E1 和 E2（如图 8.2(a)所示）在破坏后区表现出明显的轴向应变恢复现象，表明张拉裂纹并不会促进试样的轴向方向的变形。与单轴压缩下的结果相反，在三轴压缩条件下，位于变形局部化带内的E2曲线表现为明显的轴向变形增加的现象，而位于带外的E3曲线则表现为局部非弹性卸载现象[90]。这表明变形局部化带出现后带内外变形差值较大，应变向带内集中。此外，在破坏后区变形局部化带内外的应变差值随着应力的降低逐渐增加，这是由于三轴压缩条件下试样在破坏后区发生剪切滑移，应变进一步向带内集中。

由不同围压条件下由E4和E5测得的主应力差-径向应变曲线（如图8.3所示）可知，在峰值强度前带内外径向变形一致性较好，表明在峰值强度之前裂纹扩展不明显，没有引起明显的局部变形现象。在峰值强度之后变形局部化带内的径向变形持续增加，而带外的径向变形表现出明显的非弹性卸载现象，且带内径向变形（E4）增加速率随着围压增加而降低，这是由于围压的存在对于拉伸裂纹扩展的约束作用逐渐增强所导致，带内外径向变形均值（average E4&E5）处于E4和E5测量结果之间。

基于图8.2的应变测量结果，通过计算不同虚拟应变片的测量结果，可以确定变形局部化现象启动应力水平，进而考虑围压对该应力水平的影响。计算变形局部化带内外的应变，即E1、E2、E3之间的差值。若该差值在某阶段为零或近似保持恒定，则说明该阶段试样表现为均匀变形，若该差值出现较大变化，则说明变形局部化的产生。通过差值计算，能够较为精确地确定变形局部化启动时所对应的应力水平。以围压3MPa条件下的结果为例进行说明，图8.4为E1、E2、E3两两之间的差值曲线，横轴为E1、E2、E3测量结果的均值，从加载初期到接近峰值强度，轴向应变之间的差值基本保持恒定且其值近似为零，表明在该阶段试样表现为均匀变形现象。随后差值之间出现较大分叉现象，表明试样进入非均匀变形阶段。两者之间的临界应力水平即可看作变形局部化启动所对应的应力水平。对不同围压条件下的应变结果进行上述计算，结果如图8.5所示。从图中可以看出，启动应力水平随围压的增加而略有降低。Bésuelle等[160]采用3组轴向引伸计进行了类似的研究，结论与本书一致，并且发现采用轴向应变和径向应变分析得到的变形局部化启动应力水平互相一致。

从微观角度来看，变形局部化现象是颗粒破裂模式的宏观反映。在低围压条件下，随着从局部化带中心向外部距离的增加，微裂纹密度快速降低，由于压密作用，变形局部化带内裂纹表面孔隙率比带外低[160]，穿晶裂纹在

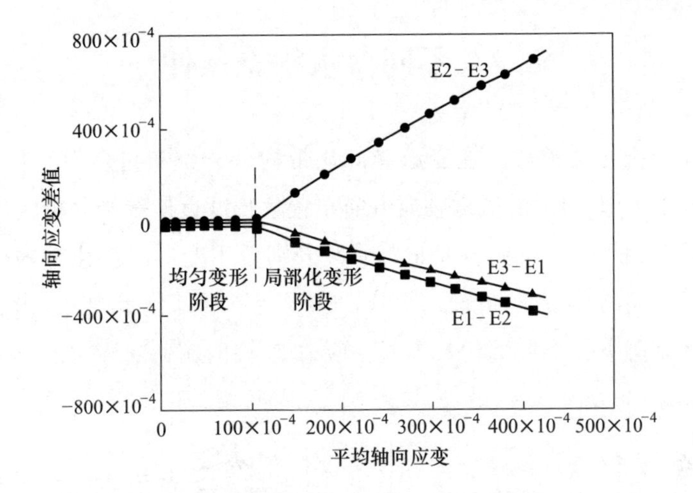

图 8.4 变形局部化带内外轴向应变差值演化曲线

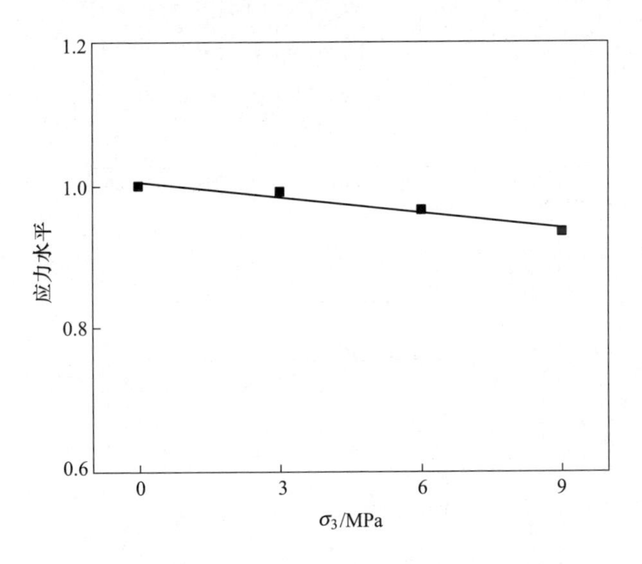

图 8.5 变形局部化启动应力水平随围压变化关系

试样峰值强度附近开始起裂且单独进行扩展，随着应力的持续增加，微裂纹开始贯通并导致局部化现象的形成[165]。Ord 等[166]推测局部化初期伴随着刚体颗粒的运动，穿晶裂纹在一个非常狭窄的带内演化。在较低的围压下，颗粒破裂发生在剪切带内，而带外的颗粒则保持较为完整的状态，因此在变形局部化带内试样变形持续增长，而在带外则出现一定程度的变形回弹现象[159]。

8.2　不同含水状态条件

与上述分析方法类似，在变形局部化带内外分别布置虚拟引伸计，布置方式与图 8.1 类似。E1 沿试样轴向方向布置且长度近似等于分析区域的高度；E2 和 E3 长度相等，沿轴向方向布置，并分别位于变形局部化带内外；E4 和 E5 长度相等，沿径向方向布置，并分别位于变形局部化带内外。图 8.6 所示为不同含水状态下变形局部化带内外主应力差-轴向应变曲线对比。

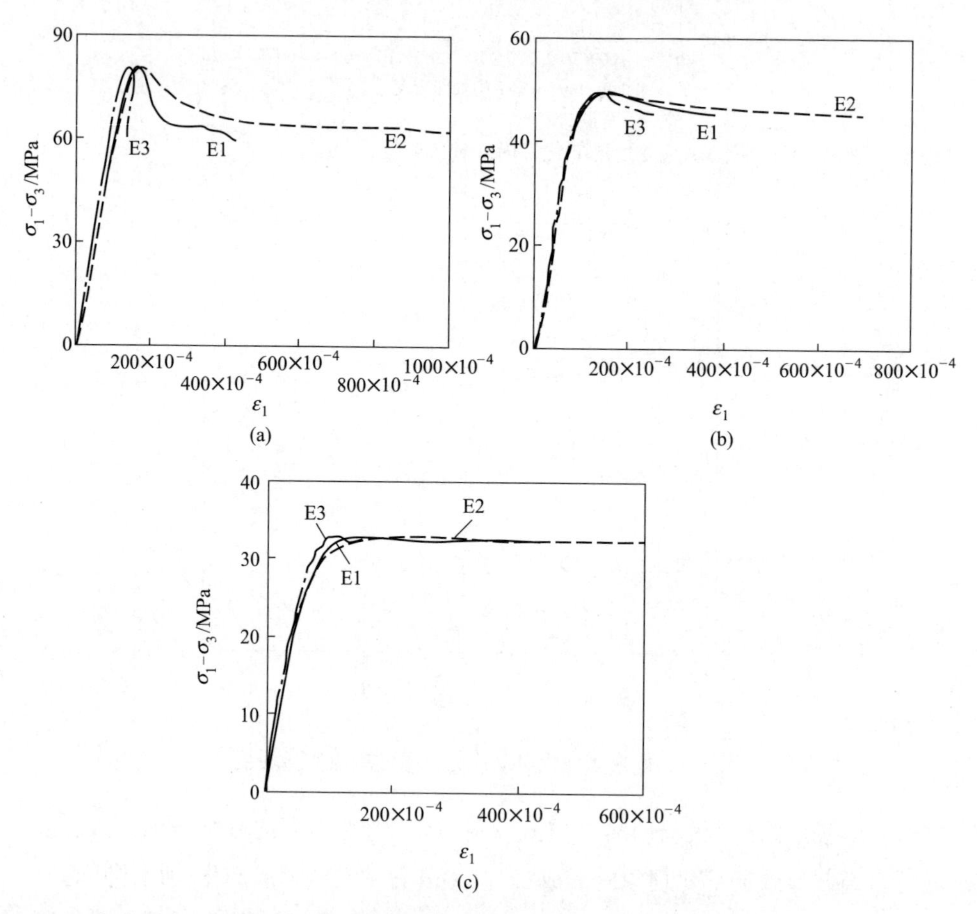

图 8.6　不同含水状态下变形局部化带内外主应力差-轴向应变曲线（E1～E3）对比

（a）干燥；（b）自然风干；（c）饱水

从图 8.6 中可以看出在不同含水状态条件下，从加载开始到临近峰值强度时，应力-应变曲线基本保持较好的一致性，表明不同含水状态下试样在峰值强度之前变形较为均匀，试样表面没有明显的宏观裂纹产生。

在峰值强度之后，即破坏后区，干燥试样应力出现明显的降低，应力-应变曲线之间出现较大的差异，如图 8.6(a)所示。位于变形局部化带内的 E2 曲线表现为明显的变形快速增加现象，位于变形局部化带内的 E3 曲线表现为轻微的变形回弹现象，而 E1 曲线则处于上述两者之间，表明在荻野凝灰岩试样破坏后区，变形向带内快速集中。由于干燥的荻野凝灰岩试样表现为延性破坏，峰值强度之后应力降低幅度小，因此局部化带外的试样没有表现出明显的变形回弹现象。

对于自然风干状态下的试样来说（如图 8.6(b)所示），在相同的时间范围内，局部化带内外应变在破坏后区均有所增加，但增加幅度有所不同。局部化带外变形增加幅度小于带内变形增加幅度，表明局部化带外变形速率小于带内变形速率。该阶段轴向应力的增加对于自然风干状态下的荻野凝灰岩局部化带内的变形影响较大，而对带外的变形影响较小。

对于饱水状态下的试样来说，试样在破坏后区呈现近似塑性流动状态，应力基本保持恒定，如图 8.6(c)所示，试样表现为持续的膨胀变形现象。位于局部化带内的 E2 曲线表现为明显的应变快速增加现象，表明在荷载的持续作用下，局部化带内的变形持续增加；而位于局部化带外的 E3 曲线在达到峰值强度之后应变不再增加，也没有出现类似图 8.6(a)所示的变形回弹现象，表明局部化带外的试样变形在峰值强度之后停止，轴向应力的增加仅会增加局部化带内的变形。

图 8.7 所示为不同含水状态下变形局部化带内外主应力-径向应变曲线对比。应力-应变曲线在峰值强度之间表现较好的一致性，而在峰值强度之后非均匀变形产生，E4 和 E5 曲线之间出现明显的差异。

对于干燥试样，位于局部化带内的 E4 曲线表现为应变的持续快速增加，表明变形向局部化带内持续快速的聚集；而局部化带外的 E5 曲线只表现为应力的降低，应变基本保持不变，表明局部化带外试样变形基本停止，轴向应力的增加仅促进局部化带内径变形的增加，而对局部化带外试样的变形基本没有影响。

对于自然风干状态试样来说，无论是变形局部化带内还是带外，径向应变均有所增加，带内增加幅度比带外大得多，表明带内变形速率比带外大，与轴向应变变化规律类似。对于饱水状态试样来说，局部化带内外的主应力

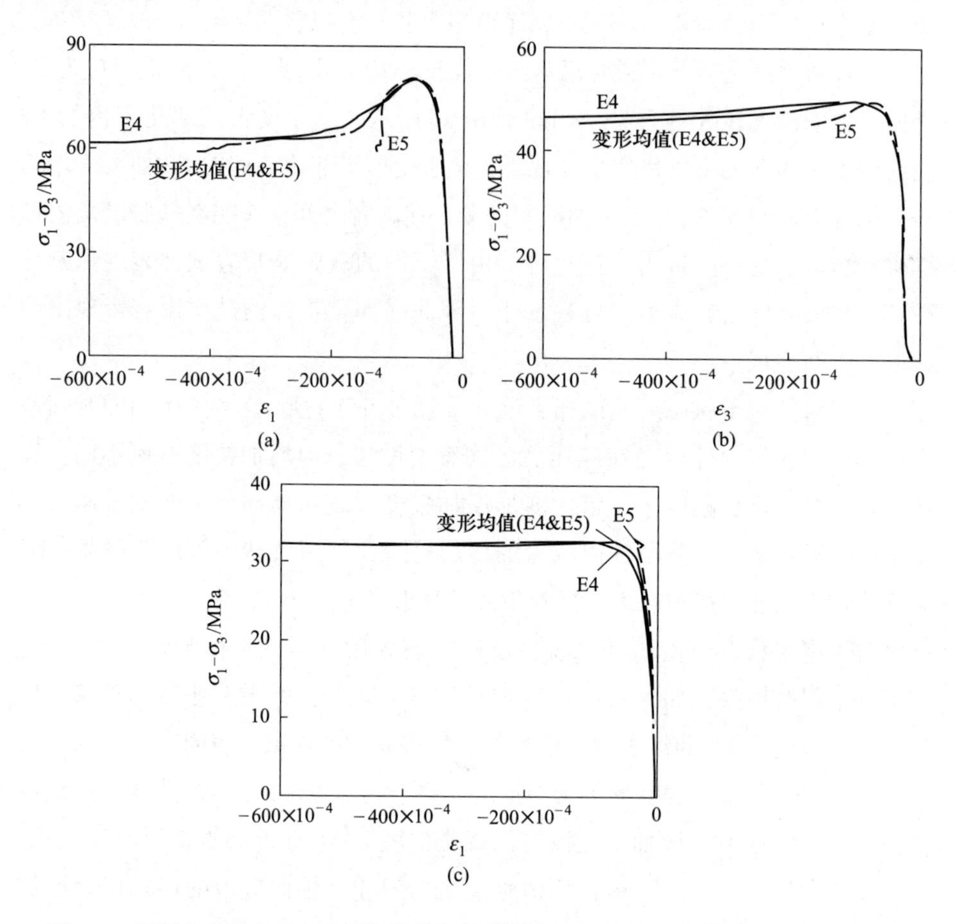

图 8.7　不同含水状态下变形局部化带内外主应力差-轴向应变曲线（E4 和 E5）对比

（a）干燥；（b）自然风干；（c）饱水

差-径向应变曲线与上述规律类似，所不同的是试样的塑性流动现象更加明显，在峰值强度之后应力没有明显的降低。因此，局部化带内的 E4 曲线表现为径向应变持续增加，而 E5 曲线不再进行演化，表明局部化带外试样径向变形基本停止。

采用与上述类似的方法，通过计算局部化带内外应变的轴向应变差值（E1-E2、E2-E3、E3-E1）来确定不同含水状态下岩石的变形局部化启动应力水平。图 8.8(a)～(c)分别为干燥、自然风干和饱水条件下轴向应变差值，横轴为 E1、E2、E3 测量结果的均值。3 组轴向应变差值曲线首先表现为较好的一致性，在接近峰值强度时 3 组曲线出现明显的变形分叉现象，表明局部化变形的产生。

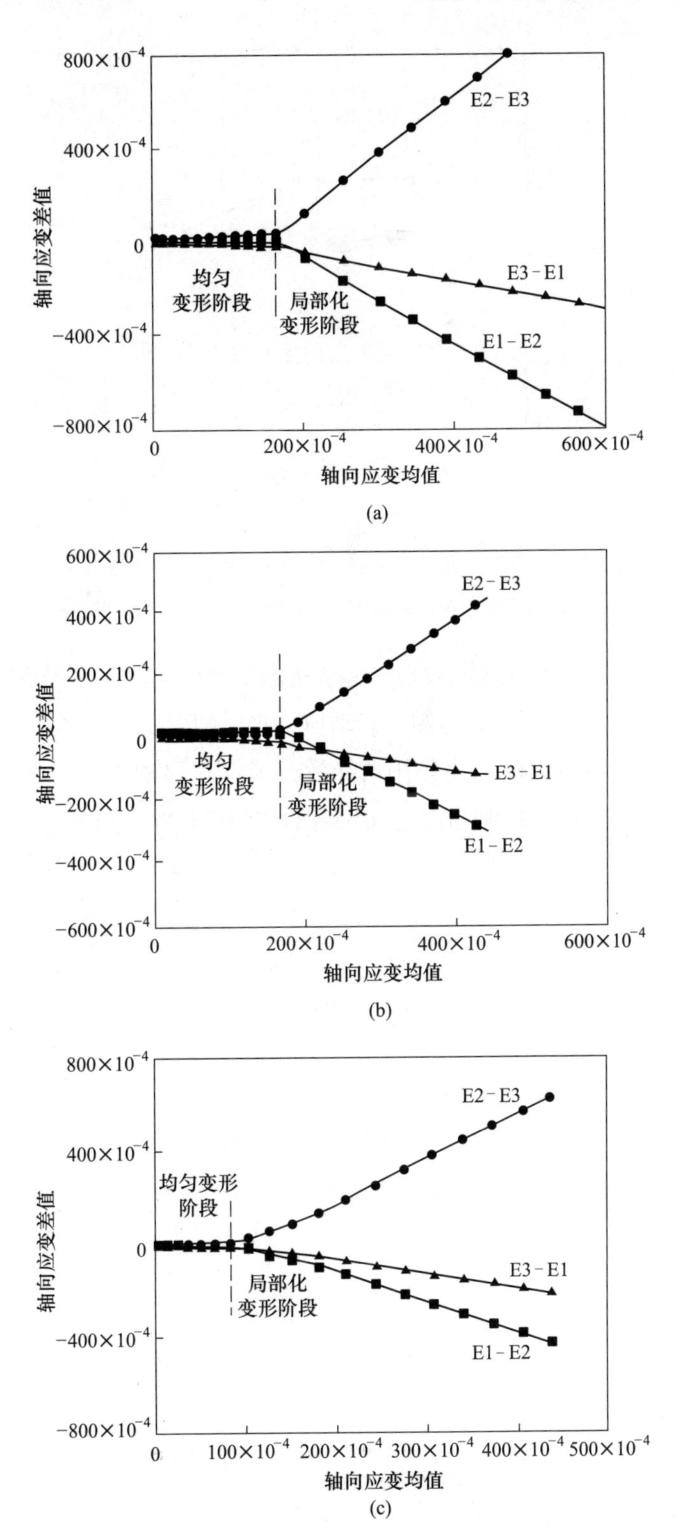
800×10⁻⁴
400×10⁻⁴
0
-400×10⁻⁴
-800×10⁻⁴
轴向应变差值
E2-E3
E3-E1
E1-E2
均匀
变形阶段
局部化
变形阶段
0
200×10⁻⁴
400×10⁻⁴
600×10⁻⁴
轴向应变均值
600×10⁻⁴
200×10⁻⁴
-200×10⁻⁴
-600×10⁻⁴
均匀变形
阶段
100×10⁻⁴
300×10⁻⁴
500×10⁻⁴

(a)

(b)

(c)

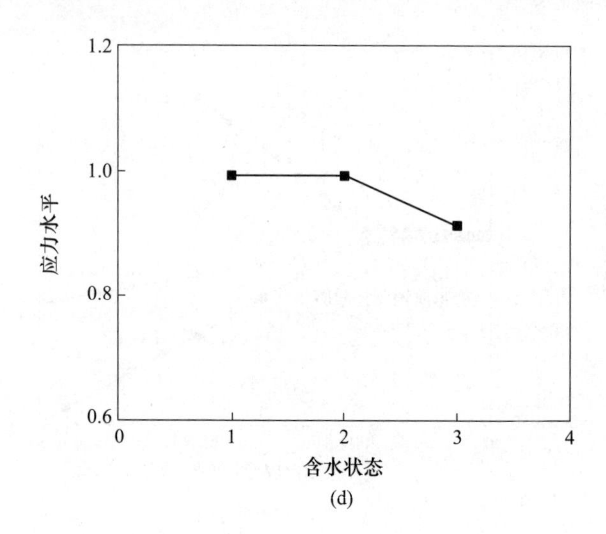

图 8.8　变形局部化启动应力水平随含水状态变化关系

(a) 干燥；(b) 自然风干；(c) 饱水；(d) 应力水平

通过图 8.8(a)～(c)确定的不同含水状态下试样局部化变形启动应力水平如图 8.8(d)所示。由图 8.8 可知，启动应力水平随含水率的增加而逐渐降低，这可能是由于水对岩石的弱化作用所导致。局部化启动应力水平与含水率之间的定量关系及其微观机制尚需追加大量的试验进行深入研究。

参考文献

[1] 金丰年．岩石的时间效应［D］．上海：同济大学，1993.

[2] Kiersch G. Vaiont reservoir disaster［J］. Civil Engineering，1964，34（5）：32~39.

[3] 包四根．金川矿山地质灾害及预防措施［C］//上海：首届全国青年岩石力学学术研讨会，1991.

[4] Yamaguchi U，Shimotani T. A case study of slope failure in a limestone quarry［J］. International Journal of Rock Mechanics & Mining Sciences & Geomechanics Abstracts，1986，23（1）：95~104.

[5] 杨永杰，邢鲁义，张仰强，等．基于蠕变试验的石膏矿柱长期稳定性研究［J］．岩石力学与工程学报，2015（10）：2106~2113.

[6] Xue L. A potential stress indicator for failure prediction of laboratory-scale rock samples［J］. Arabian Journal of Geosciences，2015，8（6）：3441~3449.

[7] Martin C D，Chandler N A. The progressive fracture of Lac du Bonnet granite［J］. Int J Rock Mech Min Sci Geomech Abstr，1994，36（6）：643~659.

[8] 李清，侯健，王梦远，等．弱胶结砂质泥岩渐进性破坏力学特性试验研究［J］．煤炭学报，2016（S2）：385~392.

[9] 沈华章，王水林，郭明伟，等．应变软化边坡渐进破坏及其稳定性初步研究［J］．岩土力学，2016，37（1）：175~184.

[10] Brace W F，Paulding B W，Scholz C. Dilatancy in fracture of crystalline rocks［J］. Journal of Geophysical Research. 1966，71（16）：3939~3953.

[11] Mair K，Elphick S，Main I. Influence of confining pressure on the mechanical and structural evolution of laboratory deformation bands［J］. Geophysical Research Letters，2002，29（10）：49-1-49-4.

[12] Martin C D，Christiansson R. Estimating the potential for spalling around a deep nuclear waste repository in crystalline rock［J］. International Journal of Rock Mechanics and Mining Sciences，2009，46（2）：219~228.

[13] Diederichs M S，Kaiser P K，Eberhardt E. Damage initiation and propagation in hard rock during tunnelling and the influence of near-face stress rotation［J］. International Journal of Rock Mechanics and Mining Sciences，2004，41（5）：785~812.

[14] Turichshev A，Hadjigeorgiou J. Triaxial compression experiments on intact veined andesite［J］. International Journal of Rock Mechanics and Mining Sciences，2016，86：179~193.

[15] Munoz H，Taheri A，Chanda E K. Fracture energy-based brittleness index development and

brittleness quantification by pre-peak strength parameters in rock uniaxial compression [J]. Rock Mechanics and Rock Engineering, 2016, 49 (12): 4587~4606.

[16] 陈国庆，赵聪，魏涛，等．基于全应力－应变曲线及起裂应力的岩石脆性特征评价方法 [J]. 岩石力学与工程学报，2018，37 (1)：51~59.

[17] 邱一平，林卓英．岩石起裂应力水平与脆性指标的相关性 [C]// 中国台湾南投：海峡两岸破坏科学与材料试验学术会议暨全国 mts 材料试验学术会议，2014.

[18] 张晓平，王思敬，韩庚友，等．岩石单轴压缩条件下裂纹扩展试验研究——以片状岩石为例 [J]. 岩石力学与工程学报，2011，30 (9)：1772~1781.

[19] Pepe G, Mineo S, Pappalardo G, et al. Relation between crack initiation-damage stress thresholds and failure strength of intact rock [J]. Bulletin of Engineering Geology and the Environment, 2018, 77 (4): 709~724.

[20] Damjanac B, Fairhurst C. Evidence for a long-term strength threshold in crystalline rock [J]. Rock Mechanics and Rock Engineering, 2010, 43 (5): 513-531.

[21] Cai M, Kaiser P K, Tasaka Y, et al. Generalized crack initiation and crack damage stress thresholds of brittle rock masses near underground excavations [J]. International Journal of Rock Mechanics and Mining Sciences, 2004, 41 (5): 833~847.

[22] Amann F, Button E A, Evans K F, et al. Experimental study of the brittle behavior of clay shale in rapid unconfined compression [J]. Rock Mechanics and Rock Engineering, 2011, 44 (4): 415~430.

[23] Palchik V. Is there link between the type of the volumetric strain curve and elastic constants, porosity, stress and strain characteristics? [J]. Rock Mechanics and Rock Engineering, 2013, 46 (2): 315~326.

[24] Basu A, Mishra D A. A method for estimating crack-initiation stress of rock materials by porosity [J]. Journal of the Geological Society of India, 2014, 84 (4): 397~405.

[25] Xue L, Qin S, Sun Q, et al. A study on crack damage stress thresholds of different rock types based on uniaxial compression tests [J]. Rock Mechanics and Rock Engineering, 2014, 47 (4): 1183~1195.

[26] Kim J, Lee K, Cho W, et al. A Comparative evaluation of stress-strain and acoustic emission methods for quantitative damage assessments of brittle rock [J]. Rock Mechanics and Rock Engineering, 2015, 48 (2): 495~508.

[27] Zhao X G, Cai M, Wang J, et al. Objective determination of crack initiation stress of brittle rocks under compression using AE measurement [J]. Rock Mechanics and Rock Engineering, 2015, 48 (6): 2473~2484.

[28] Yang S. Experimental study on deformation, peak strength and crack damage behavior of

hollow sandstone under conventional triaxial compression [J]. Engineering Geology, 2016, 213: 11~24.

[29] Lee B, Rathnaweera T D. Stress threshold identification of progressive fracturing in Bukit Timah granite under uniaxial and triaxial stress conditions [J]. Geomechanics and Geophysics for Geo-Energy and Geo-Resources, 2016, 2 (4): 301~330.

[30] Taheri A, Munoz H. Pre-peak damage thresholds of different rocks in confined and unconfined conditions [C]// International Contererce on Geomechanics, 2016.

[31] Paraskevopoulou C, Perras M, Diederichs M, et al. The three stages of stress relaxation - observations for the time-dependent behaviour of brittle rocks based on laboratory testing [J]. Engineering Geology, 2017, 216: 56~75.

[32] Alejano L R, Arzúa J, Bozorgzadeh N, et al. Triaxial strength and deformability of intact and increasingly jointed granite samples [J]. International Journal of Rock Mechanics and Mining Sciences, 2017, 95: 87~103.

[33] Xing H Z, Zhang Q B, Zhao J. Stress thresholds of crack development and poisson's ratio of rock material at high strain rate [J]. Rock Mechanics and Rock Engineering, 2018, 51 (3): 945~951.

[34] 张晓平，王思敬，韩庚友，等. 岩石单轴压缩条件下裂纹扩展试验研究——以片状岩石为例 [J]. 岩石力学与工程学报，2011 (9): 1772~1781.

[35] 周建超，贾纯驰，吕建国. 含预制裂纹的脆性岩石单轴压缩下渐进性破坏过程的试验研究 [J]. 探矿工程（岩土钻掘工程），2012 (9): 66~70.

[36] 王宇，李晓，武艳芳，等. 脆性岩石起裂应力水平与脆性指标关系探讨 [J]. 岩石力学与工程学报，2014 (2): 264~275.

[37] 王亚，万文，赵延林，等. 不同围压下茅口灰岩渐进性破坏的试验研究 [J]. 河北工程大学学报（自然科学版），2015 (3): 94~97.

[38] 梁昌玉，李晓，王声星，等. 岩石单轴压缩应力-应变特征的率相关性及能量机制试验研究 [J]. 岩石力学与工程学报，2012 (9): 1830~1838.

[39] 王洪亮，范鹏贤，王明洋，等. 应变率对红砂岩渐进破坏过程和特征应力的影响 [J]. 岩土力学，2011 (5): 1340~1346.

[40] 周辉，孟凡震，卢景景，等. 硬岩裂纹起裂强度和损伤强度取值方法探讨 [J]. 岩土力学，2014 (4): 913~918.

[41] 李鹏飞，赵星光，蔡美峰. 压缩条件下岩石启裂应力的识别方法探讨——以新疆天湖花岗闪长岩为例 [J]. 岩土力学，2015 (8): 2323~2331.

[42] Wen T, Tang H, Ma J, et al. Evaluation of methods for determining crack initiation stress under compression [J]. Engineering Geology, 2018, 235: 81~97.

[43] 郑捷，姚孝新，陈顒．岩石变形局部化的实验研究［J］. 地球物理学报，1983（6）：554~563.

[44] 王学滨，潘一山，盛谦，等．岩体假三轴压缩及变形局部化剪切带数值模拟［J］. 岩土力学，2001（3）：323~326.

[45] 王学滨，潘一山．地质灾害中的应变局部化现象［J］. 地质灾害与环境保护，2001（4）：1~5.

[46] 徐松林，吴文，李廷，等. 三轴压缩大理岩局部化变形的试验研究及其分岔行为［J］. 岩土工程学报，2001（3）：296~301.

[47] 周小平，张永兴，哈秋舲，等．单轴拉伸条件下细观非均匀性岩石变形局部化分析及其应力-应变全过程研究［J］. 岩石力学与工程学报，2004（1）：1~6.

[48] 周小平，张永兴，朱可善．中低围压下细观非均匀性岩石本构关系研究［J］. 岩土工程学报，2003（5）：606~610.

[49] 赵冰，李宁，盛国刚．软化岩土介质的应变局部化研究进展——意义·现状·应变梯度［J］. 岩土力学，2005（3）：494~499.

[50] 马少鹏，周辉．岩石破坏过程中试件表面应变场演化特征研究［J］. 岩石力学与工程学报，2008（8）：1667~1673.

[51] 王建国，王振伟，马少鹏．循环载荷作用下岩石材料变形场演化试验研究［J］. 岩石力学与工程学报，2009（S2）：3336~3341.

[52] 刘招伟，李元海．含孔洞岩石单轴压缩下变形破裂规律的实验研究［J］. 工程力学，2010（8）：133~139.

[53] 张东明，胡千庭，王浩．软岩变形局部化过程的数字散斑实验研究［J］. 煤炭学报，2011，36（4）：567~571.

[54] 赵瑜，张春文，刘新荣，等．高应力岩石局部化变形与隧道围岩灾变破坏过程［J］. 重庆大学学报，2011（4）：100~106.

[55] Scholz C H. Experimental study of the fracturing process in brittle rock [J]. Journal of Geophysical Research, 1968, 73 (4): 1447~1454.

[56] Peters W H, Ranson W F. Digital imaging techniques in experimental stress-analysis [J]. Optical Engineering, 1982, 21 (3): 427~431.

[57] Bruck H A, Mcneill S R, Sutton M A, et al. Digital image correlation using Newton-Raphson method of partial differential correction [J]. Experimental Mechanics, 1989, 29 (3): 261~267.

[58] Sutton M A, Mingqi C, Peters W H, et al. Application of an optimized digital correlation method to planar deformation analysis [J]. Image and Vision Computing, 1986, 4 (3): 143~150.

[59] Chu T C, Ranson W F, Sutton M A. Applications of digital-image-correlation techniques to experimental mechanics [J]. Experimental Mechanics, 1985, 25 (3): 232~244.

[60] Sutton M A, Wolters W J, Peters W H, et al. Determination of displacements using an improved digital correlation method [J]. Image and Vision Computing, 1983, 1 (3): 133~139.

[61] 武建军，何丽红，王廷栋，等．冻土位移的散斑照相测量 [J]. 冰川冻土，1997 (3): 68~72.

[62] 马少鹏，金观昌，潘一山．白光 DSCM 方法用于岩石变形观测的研究 [J]. 实验力学，2002 (1): 10~16.

[63] 马少鹏，金观昌，潘一山．岩石材料基于天然散斑场的变形观测方法研究 [J]. 岩石力学与工程学报，2002 (6): 792~796.

[64] 邵龙潭，王助贫，韩国城，等．三轴试验土样径向变形的计算机图像测量 [J]. 岩土工程学报，2001, 23 (3): 337~341.

[65] 马少鹏，金观昌，潘一山．岩石材料基于天然散斑场的变形观测方法研究 [J]. 岩石力学与工程学报，2002 (6): 792~796.

[66] 邵龙潭，王助贫，刘永禄．三轴土样局部变形的数字图像测量方法 [J]. 岩土工程学报，2002 (2): 159~163.

[67] 王助贫，邵龙潭，刘永禄，等．三轴试样变形数字图像测量误差和精度分析 [J]. 大连理工大学学报，2002 (1): 98~103.

[68] 王靖涛，曹红林，丁美英，等．基于数码相机的土三轴试样变形的数字图像测量 [J]. 华中科技大学学报（城市科学版），2004 (2): 1~3.

[69] 陈沙，岳中琦，谭国焕．基于数字图像的非均质岩土工程材料的数值分析方法 [J]. 岩土工程学报，2005 (8): 956~964.

[70] 马少鹏，刘善军，赵永红．数字图像灰度相关性用以描述岩石试件损伤演化的研究 [J]. 岩石力学与工程学报，2006 (3): 590~595.

[71] 李元海，靖洪文，曾庆有．岩土工程数字照相量测软件系统研发与应用 [J]. 岩石力学与工程学报，2006 (S2): 3859~3866.

[72] 李元海，靖洪文，朱合华，等．数字照相量测在砂土地基离心试验中的应用 [J]. 岩土工程学报，2006 (3): 306~311.

[73] 王助贫，邵龙潭，孙益振．基于数字图像测量技术的粉煤灰三轴试样剪切带研究 [J]. 岩土工程学报，2006 (9): 1163~1167.

[74] 董建军，邵龙潭，刘永禄，等．基于图像测量方法的非饱和压实土三轴试样变形测量 [J]. 岩土力学，2008 (6): 1618~1622.

[75] 宋义敏，马少鹏，杨小彬，等．岩石变形破坏的数字散斑相关方法研究 [J]. 岩石力

学与工程学报，2011，30（1）：170~175.

[76] 邵龙潭，刘潇，郭晓霞，等. 土工三轴试验试样全表面变形测量的实现 [J]. 岩土工程学报，2012，34（3）：409~415.

[77] 刘潇，邵龙潭，郭晓霞，等. 土工三轴试验试样全表面变形数字图像测量系统的精度分析 [J]. 岩石力学与工程学报，2012，31（S1）：2881~2887.

[78] 赵程，鲍冲，松田浩，等. 数字图像技术在节理岩体裂纹扩展试验中的应用研究 [J]. 岩土工程学报，2015，37（5）：944~951.

[79] 赵程，田加深，松田浩，等. 单轴压缩下基于全局应变场分析的岩石裂纹扩展及其损伤演化特性研究 [J]. 岩石力学与工程学报，2015，34（4）：763~769.

[80] 高军程，郭莹，贾金青，等. 基于数字图像测量系统的饱和细砂渐进破坏特性研究 [J]. 岩土力学，2016（5）：1343~1350.

[81] 纪维伟，潘鹏志，苗书婷，等. 基于数字图像相关法的两类岩石断裂特征研究 [J]. 岩土力学，2016（8）：2299~2305.

[82] 邵龙潭，刘港，郭晓霞. 三轴试样破坏后应变局部化影响的实验研究 [J]. 岩土工程学报，2016，38（3）：385~394.

[83] 刘芳，徐金明. 基于试验视频图像的花岗岩细观组分运动过程研究 [J]. 岩石力学与工程学报，2016，35（8）：1602~1608.

[84] 马永尚，陈卫忠，杨典森，等. 基于三维数字图像相关技术的脆性岩石破坏试验研究 [J]. 岩土力学，2017，38（1）：117~123.

[85] Li B Q, Einstein H H. Comparison of visual and acoustic emission observations in a four point bending experiment on barre granite [J]. Rock Mechanics and Rock Engineering, 2017, 50 (9): 2277~2296.

[86] Patel S, Martin C D. Evaluation of tensile Young's modulus and Poisson's ratio of a Bi-modular rock from the displacement measurements in a brazilian test [J]. Rock Mechanics and Rock Engineering, 2018, 51 (2): 361~373.

[87] Munoz H, Taheri A. Local damage and progressive localisation in porous sandstone during cyclic loading [J]. Rock Mechanics and Rock Engineering, 2017, 50 (12): 3253~3259.

[88] Song H, Zhang H, Fu D, et al. Experimental analysis and characterization of damage evolution in rock under cyclic loading [J]. International Journal of Rock Mechanics and Mining Sciences, 2016, 88: 157~164.

[89] Munoz H, Taheri A, Chanda E. Strain localisation characteristics in sandstone during uniaxial compression by 3D digital image correlation [C]//Isrm International Symposium Eurock, 2016.

[90] Munoz H, Taheri A, Chanda E K. Pre-peak and post-peak rock strain characteristics during uniaxial compression by 3D digital image correlation [J]. Rock Mechanics and Rock Engineering, 2016, 49 (7): 2541~2554.

[91] Yang G, Cai Z, Zhang X, et al. An experimental investigation on the damage of granite under uniaxial tension by using a digital image correlation method [J]. Optics and Lasers in Engineering, 2015, 73: 46~52.

[92] Zhang H, Huang G, Song H, et al. Experimental characterization of strain localization in rock [J]. Geophysical Journal International, 2013, 194 (3): 1554~1558.

[93] Gao G, Yao W, Xia K, et al. Investigation of the rate dependence of fracture propagation in rocks using digital image correlation(DIC) method [J]. Engineering Fracture Mechanics, 2015, 138: 146~155.

[94] Yang D S, Chen L F, Yang S Q, et al. Experimental investigation of the creep and damage behavior of Linyi red sandstone [J]. International Journal of Rock Mechanics and Mining Sciences, 2014, 72: 164~172.

[95] Zou C, Wong L N Y. Study of mechanical properties and fracturing processes of carrara marble in dynamic brazilian tests by two optical observati [C]//Rock Mechanics and Its Applications in Civil Mining, and Petroleum Engineering, Geotechnical Special Publication, ACSE, Reston, 2014: 20~29.

[96] 任建喜，葛修润，杨更社．单轴压缩岩石损伤扩展细观机理 CT 实时试验 [J]. 岩土力学，2001 (2): 130~133.

[97] 任建喜，葛修润，蒲毅彬，等．岩石单轴细观损伤演化特性的 CT 实时分析 [J]. 土木工程学报，2000 (6): 99~104.

[98] 丁卫华，仵彦卿，曹广祝，等．三轴条件下软岩变形破坏过程的 CT 图像分析 [J]. 煤田地质与勘探，2003 (3): 32~35.

[99] 仵彦卿，丁卫华，曹广祝．岩石单轴与三轴 CT 尺度裂纹演化过程观测 [J]. 西安理工大学学报，2003 (2): 115~119.

[100] 刘小红，晏鄂川，朱杰兵，等．三轴加卸载条件下岩石损伤破坏机理 CT 试验分析 [J]. 长江科学院院报，2010 (12): 42~46.

[101] 李树春，许江，杨春和，等．循环荷载下岩石损伤的 CT 细观试验研究 [J]. 岩石力学与工程学报，2009 (8): 1604~1609.

[102] 刘慧，杨更社，贾海梁，等．裂隙（孔隙）水冻结过程中岩石细观结构变化的实验研究 [J]. 岩石力学与工程学报，2016 (12): 2516~2524.

[103] 方建银，党发宁，肖耀庭，等．粉砂岩三轴压缩 CT 试验过程的分区定量研究 [J]. 岩石力学与工程学报，2015 (10): 1976~1984.

[104] 张全胜，杨更社，高广运，等．X 射线 CT 技术在岩石损伤检测中的应用研究 [J]. 力学与实践，2005 (6)：11~19.

[105] 邹飞，李海波，周青春，等．基于数字图像灰度相关性的类岩石材料损伤分形特征研究 [J]. 岩土力学，2012，33 (3)：731~738.

[106] 朱泽奇，肖培伟，盛谦，等．基于数字图像处理的非均质岩石材料破坏过程模拟 [J]. 岩土力学．2011，32 (12)：3780~3786.

[107] 赵永红，梁海华，熊春阳，等．用数字图像相关技术进行岩石损伤的变形分析 [J]. 岩石力学与工程学报，2002 (1)：73~76.

[108] 赵红华，于绅坤，常艳，等．基于双 CCD 相机的三轴试验三维成像测量技术 [J]. 东北大学学报（自然科学版），2015，36 (5)：728~732.

[109] 张巍，赵同彬，宋义敏，等．基于数字图像相关方法的巴西圆盘变形局部化分析 [J]. 山东科技大学学报（自然科学版），2017，36 (6)：47~51.

[110] 于庆磊，唐春安，唐世斌．基于数字图像的岩石非均匀性表征技术及初步应用 [J]. 岩石力学与工程学报，2007 (3)：551~559.

[111] 姚涛，邵龙潭．三轴数字图像测量技术在黄土力学特性研究中应用 [J]. 大连理工大学学报，2009，49 (1)：92~97.

[112] 王健，郭莹．基于数字图像测量系统的三轴试样变形研究 [J]. 西北地震学报，2011，33 (S1)：175~180.

[113] 王建国，王振伟，马少鹏．循环载荷作用下岩石材料变形场演化试验研究 [J]. 岩石力学与工程学报，2009，28 (S2)：3336~3341.

[114] 宋义敏，邢同振，邓琳琳，等．不同加载速率下岩石变形场演化试验研究 [J]. 岩土力学，2017，38 (10)：2773~2779.

[115] 宋义敏，姜耀东，马少鹏，等．岩石变形破坏全过程的变形场和能量演化研究 [J]. 岩土力学，2012，33 (5)：1352~1356.

[116] 邵龙潭，郭晓霞，刘港，等．数字图像测量技术在土工三轴试验中的应用 [J]. 岩土力学，2015 (S1)：669~684.

[117] 马少鹏，周辉．岩石破坏过程中试件表面应变场演化特征研究 [J]. 岩石力学与工程学报，2008 (8)：1667~1673.

[118] 马少鹏，王来贵，赵永红．岩石圆孔结构破坏过程变形场演化的实验研究 [J]. 岩土力学，2006 (7)：1082~1086.

[119] 马少鹏，潘一山，王来贵，等．数字散斑相关方法用于岩石结构破坏过程观测 [J]. 辽宁工程技术大学学报，2005 (1)：51~53.

[120] 李元海，朱合华，靖洪文，等．基于数字照相的砂土剪切变形模式的试验研究 [J]. 同济大学学报（自然科学版），2007 (5)：685~689.

[121] 李元海，林志斌，靖洪文，等．含动态裂隙岩体的高精度数字散斑相关量测方法 [J]. 岩土工程学报，2012，34（6）：1060~1068.

[122] 李元海，靖洪文，朱合华，等．基于图像相关分析的土体剪切带识别方法 [J]. 岩土力学，2007（3）：522~526.

[123] 李元海，干晓蓉，彭辉．数字照相在混凝土变形量测中的实验研究 [J]. 昆明理工大学学报（理工版），2007（4）：43~47.

[124] 纪维伟，潘鹏志，苗书婷，等．基于数字图像相关法的两类岩石断裂特征研究 [J]. 岩土力学，2016，37（8）：2299~2305.

[125] 郭文婧，马少鹏，康永军，等．基于数字散斑相关方法的虚拟引伸计及其在岩石裂纹动态观测中的应用 [J]. 岩土力学，2011（10）：3196~3200.

[126] 杜梦萍，潘鹏志，纪维伟，等．炭质页岩巴西劈裂载荷下破坏过程的时空特征研究 [J]. 岩土力学，2016，37（12）：3437~3446.

[127] 陈俊达，马少鹏，刘善军，等．应用数字散斑相关方法实验研究雁列断层变形破坏过程 [J]. 地球物理学报，2005，48（6）：1350~1356.

[128] 曾祥福，刘程林，马少鹏．高速三维数字图像相关系统及其动载三维变形测量 [J]. 北京理工大学学报，2012，32（4）：364~369.

[129] Zhang H, Fu D, Song H, et al. Damage and fracture investigation of three-point bending notched sandstone beams by DIC and AE techniques [J]. Rock Mechanics and Rock Engineering, 2015, 48 (3): 1297~1303.

[130] Song H, Zhang H, Kang Y, et al. Damage evolution study of sandstone by cyclic uniaxial test and digital image correlation [J]. Tectonophysics, 2013, 608: 1343~1348.

[131] Zhang H, Song H, Kang Y, et al. Experimental analysis on deformation evolution and crack propagation of rock under cyclic indentation [J]. Rock Mechanics and Rock Engineering, 2013, 46 (5): 1053~1059.

[132] Stirling R A, Simpson D J, Davie C T. The application of digital image correlation to Brazilian testing of sandstone [J]. International Journal of Rock Mechanics and Mining Sciences, 2013, 60: 1~11.

[133] Skarzyński A, Kozicki J, Tejchman J. Application of DIC technique to concrete——study on objectivity of measured surface displacements [J]. Experimental Mechanics, 2013, 53 (9): 1545~1559.

[134] Louis L, Wong T, Baud P. Imaging strain localization by X-ray radiography and digital image correlation: deformation bands in Rothbach sandstone [J]. Journal of Structural Geology, 2007, 29 (1): 129~140.

[135] 大久保诚介，汤杨，许江，等．可视化三轴压缩伺服控制试验系统的改进和应用

[J]. 岩石力学与工程学报, 2017, 36 (S1): 3351~3358.

[136] Tang Y, Okubo S, Xu J, et al. Study on the progressive failure characteristics of coal in uniaxial and triaxial compression conditions using 3D-digital image correlation [J]. Energies, 2018, 11 (5): 1215.

[137] Tang Z, Liang J, Xiao Z, et al. Three-dimensional digital image correlation system for deformation measurement in experimental mechanics [J]. Optical Engineering, 2010, 49 (10): 1291~1298.

[138] 孟利波. 数字散斑相关方法的研究和应用 [D]. 北京: 清华大学, 2005.

[139] Okubo S, Fukui K, Gao X. Rheological behaviour and model for porous rocks under air-dried and water-saturated conditions [J]. Open Civil Engineering Journal, 2008.

[140] Otake T, Oikawa T, Sugimoto F. Fatigue properties of rocks under cyclic tensile stress [J]. Journal of the Japan Society of Engineering Geology, 1991, 32 (2): 64~70.

[141] Liu Y, Xu J, Yin G, et al. Development of a new direct shear testing device for investigating rock failure [J]. Rock Mechanics and Rock Engineering, 2017, 50 (3): 647~651.

[142] Cai M, Kaiser P, Tasaka Y, et al. Generalized crack initiation and crack damage stress thresholds of brittle rock masses near underground excavations [J]. International Journal of Rock Mechanics & Mining Sciences, 2004, 41 (5): 833~847.

[143] Martin C D, Chandler N A. The progressive fracture of Lac du Bonnet granite [J]. International Journal of Rock Mechanics and Mining Sciences & Geomechanics Abstracts, 1994, 31 (6): 643~659.

[144] Brace W F, Paulding B W, Scholz C. Dilatancy in fracture of crystalline rocks [J]. Journal of Geophysical Research, 1966, 71 (16): 3939.

[145] Martin C D. The strength of massive Lac du Bonnet granite around underground openings [D]. Canada: The University of Manitoba, 1993.

[146] 陈宗基, 康文法. 在岩石破坏和地震之前与时间有关的扩容 [J]. 岩石力学与工程学报, 1983 (1): 11~21.

[147] Zhao X G, Cai M, Wang J, et al. Damage stress and acoustic emission characteristics of the Beishan granite [J]. International Journal of Rock Mechanics and Mining Sciences, 2013, 64: 258~269.

[148] Hashiba K, Fukui K. Time-dependent behaviors of granite: loading-rate dependence, creep, and relaxation [J]. Rock Mechanics and Rock Engineering, 2016, 49(7): 2569~2580.

[149] Peng S, Podnieks E R. Relaxation and the behavior of failed rock [J]. Int J Rock Mech Min Sci, 1972, 9 (6): 699~712.

[150] 崔少东. 岩石力学参数的时效性及非定常流变本构模型研究 [D]. 北京：北京交通大学, 2010.

[151] 谢和平，鞠杨，黎立云. 基于能量耗散与释放原理的岩石强度与整体破坏准则 [J]. 岩石力学与工程学报，2005 (17)：3003~3010.

[152] 李子运，吴光，黄天柱，等. 三轴循环荷载作用下页岩能量演化规律及强度失效判据研究 [J]. 岩石力学与工程学报，2018 (3)：662~670.

[153] 康向涛，黄滚，宋真龙，等. 三轴压缩下含瓦斯煤的能耗与渗流特性研究 [J]. 岩土力学，2015 (3)：762~768.

[154] 田勇，俞然刚. 不同围压下灰岩三轴压缩过程能量分析 [J]. 岩土力学，2014 (1)：118~122.

[155] 杨圣奇，徐卫亚，苏承东. 大理岩三轴压缩变形破坏与能量特征研究 [J]. 工程力学，2007 (1)：136~142.

[156] 尤明庆，华安增. 岩石试样破坏过程的能量分析 [J]. 岩石力学与工程学报，2002 (6)：778~781.

[157] 许国安，牛双建，靖洪文，等. 砂岩加卸载条件下能耗特征试验研究 [J]. 岩土力学，2011 (12)：3611~3617.

[158] Okubo S, Fukui K, Hashiba K. Development of a transparent triaxial cell and observation of rock deformation in compression and creep tests [J]. International Journal of Rock Mechanics and Mining Sciences, 2008, 45 (3): 351~361.

[159] El Bied A, Sulem J, Martineau F. Microstructure of shear zones in Fontainebleau sandstone [J]. International Journal of Rock Mechanics and Mining Sciences, 2002, 39 (7): 917~932.

[160] Bésuelle P, Desrues J, Raynaud S. Experimental characterization of the localization phenomenon inside a Vosges sandstone in a triaxial cell [J]. International Journal of Rock Mechanics and Mining Sciences, 2000, 37 (8): 1223~1237.

[161] 秦涛，张俊文，刘刚，等. 岩石加载过程中表面变形场的演化机制 [J]. 黑龙江科技大学学报，2017, 27 (1)：39~45.

[162] 潘红宇，葛迪，张天军，等. 应变率对岩石裂隙扩展规律的影响 [J]. 煤炭学报，2018, 43 (3)：675~683.

[163] Liu Y, Xu J, Zhou G. Relation between crack propagation and internal damage in sandstone during shear failure [J]. Journal of Geophysics and Engineering, 2018.

[164] 张东明. 岩石变形局部化及失稳破坏的理论与实验研究 [D]. 重庆：重庆大学, 2004.

[165] Menéndez B, Zhu W L, Wong T F. Micromechanics of brittle faulting and cataclastic flow

in Berea sandstone [J]. Journal of Structural Geology, 1996, 18 (1): 1~16.

[166] Ord A, Vardoulakis I, Kajewski R. Shear band formation in gosford sandstone [J]. International Journal of Rock Mechanics and Mining Sciences & Geomechanics Abstracts, 1991, 28 (5): 397~409.